KB144840

물리의
정석

THE THEORETICAL MINIMUM:
What You Need to Know to Start Doing Physics
by Leonard Susskind, George Hrabovsky

Korean translation edition is published by arrangement with
Leonard Susskind, George Hrabovsky c/o Brockman, Inc.

레너드 서스킨드
조지 라보프스키

이종필 옮김

물리의 정석

고전 역학 편

사이언스
SCIENCE
BOOKS
북스

우리를 참고 살아와 준 우리의 배우자들에게,

그리고 서스킨드 교수의 평생 교육 과정 수강생들에게

✺ 서문 ✺

최소한의 이론

물리를 설명하는 일은 항상 즐겁다. 나에게는 가르치는 것 이상이다. 생각하는 방식의 문제이기 때문이다. 책상에 앉아 연구를 하고 있을 때조차 머릿속에서는 대화가 진행되고 있다. 무언가를 설명하는 최선의 방법을 찾다 보면 거의 언제나 그것을 가장 잘 이해할 수 있다.

약 10년 전에 누가 나에게 대중을 위한 과정을 가르칠 수 있겠냐고 물었다. 마침 스탠퍼드 지역에는 물리학을 한 번쯤 공부하고 싶어하는 사람들이 많다. 다만 먹고사는 것이 문제다. 직업도 천차만별이지만 한때 우주의 법칙을 향한 열병을 앓았다는 사실을 결코 잊은 적이 없는 사람들이다. 이제 직업도 한두 번 바뀌고 나면 그 열병 속으로 다시 돌아가고 싶어 한다. 최소한 비전문가적인 수준에서 말이다.

안타깝게도 그런 분들이 교과 과정을 들을 만한 기회는 많지 않았다. 스탠퍼드를 포함한 몇몇 대학교에서는 외부인 수강을 허용하지 않는 것이 원칙이다. 게다가 이런 성인들 대다수에게 전업 학생으로서 다시 학교로 돌아가는 것은 현실적인 고려 대상이 아니다. 나는 난감했다. 일선 과학자들과 교류함으로써 사람들이 흥미를 키워 나갈 방법이 있어야만 했다. 그러나 하나도 없었다.

그러던 차에 스탠퍼드 대학교 평생 교육 프로그램을 처음으로 알게 되었다. 이 프로그램은 지역 사회의 비전공자들을 위한 과정이다. 그래서 나는 이 프로그램이 내가 물리학을 설명할 누군가를 찾는 나의 목적에 부합할 뿐만 아니라, 그들의 목적에도 꼭 부합할 것이라고 생각했다. 또한 현대 물리학 과정을 가르치는 즐거움도 있다. 어쨌든 한 분기짜리 수업이었다.

수업은 즐거웠다. 때로 학부생이나 대학원생을 가르치는 것이 아닌 방식이라 아주 만족스러웠다. 이 학생들은 오직 한 가지 이유 때문에 거기 있었다. 명망을 얻거나 학위를 받거나 시험을 보기 위한 것이 아니라 단지 배우고 호기심을 채우기 위한 것이었다. 게다가 이들은 산전수전 다 겪은 터라 질문하기를 전혀 두려워하지 않았다. 그래서 학교 수업에서는 종종 찾기 어려운 생생한 울림이 있었다. 그 수업을 또 다시 하기로 결심했다.

분기 수업을 두어 번 하다 보니 내가 가르치는 비전문가 과정에 학생들이 완전히 만족하는 것은 아니라는 점이 분명해졌다. 학생들은 《사이언티픽 아메리칸(*Scientific American*)》을 보는 수준 이상을 원했다. 많은 학생들이 약간의 배경 지식과, 약간의 물리학과, 녹슬긴 했지만 아직 죽지 않은 미적분 지식과, 기술적인 문제를 풀어 보았던 경험도 다소간 갖고 있었다. 그들은 진정한 것을 스스로 배울 준비가 되어 있었다. 방정식들로 말이다. 그 결과 이 학생들을 현대 물리학과 우주론의 최전선에 데려다주기 위한 일련의 과정들이 개설되었다.

운 좋게도 누군가(나는 아니다.) 그 수업들을 비디오로 녹화하자는 기막힌 아이디어를 냈다. 그 내용들은 인터넷에 올라갔고, 매우 인기를 끈 것 같다. 물리학에 목말라하는 사람들이 오직 스탠퍼드에만 있는 것은 아니다. 전 세계에서 수천 통의 이메일을 받았다. 주된 질문 중 하나가 이 강의를 책으로 내지 않겠느냐는 문의였다. 이 책이 그 대답이다.

이 책의 원제인 '최소한의 이론(Theoretical Minimum)'이라는 말은 내가 만들어 낸 말이 아니다. 이 말은 러시아의 위대한 물리학자 레프 란다우(Lev Landau)에게서 유래했다. 러시아 어로 최소한의 이론은 란다우 밑에서 연구하기 위해 학생들이 꼭 알아야 할 모든 것을 의미했다. 란다우는 요구 사항이 아주 많은 사람이었다. 란다우의 최소한의 이론은 그저 그가 아는 모든 것을 의미할 뿐이었다. 물론 그 외 어느 누구도 알 가망이 없는 것들이다.

나는 이 단어를 다르게 쓴다. 나에게 최소한의 이론은 여러분이 다음 단계로 나아가기 위해 꼭 알아야만 하는 것을 뜻할 뿐이다. 모든 것을 설명하는 백과사전식의 두꺼운 교과서가 아니라 중요한 것들은 모두 다 설명하는 얇은 책이다. 한국어판의 제목은 『물리의 정석』이다. 바둑 용어에서 빌려온 것으로 알고 있다. 공격과 수비가 균형 잡힌 최선의 수(手)라는 정석 개념은 물리학을 이해하기 위한 최소한의 이론이라는 나의 생각과 통한다. 이 책은 웹에서 찾을 수 있는 인터넷 강의를 거의 그대로 따르고 있다.

이제 진짜 물리학의 세계에 온 것을 환영한다. 행운을 빈다.

레너드 서스킨드

✺ 서문 ✺

입문자는 도움이 필요해

나는 11세에 수학과 물리학을 독학하기 시작했다. 40년 전의 일이다. 그 뒤로 수많은 일들이 일어났다. 나는 인생에서 옆길로 새버린 그런 사람들 가운데 한 명이다. 하지만 수학과 물리학을 많이 배웠다. 그런 연구를 한답시고 내가 월급을 받고 있기는 하지만 학위를 따려고 하지는 않았다.

이 책은 이메일 한 통과 함께 시작되었다. 이 책의 기초가 된 강의들을 시청한 뒤 나는 레너드 서스킨드에게 이메일을 보내 강의들을 책으로 출판하면 어떻겠냐고 물었다. 한 가지 일이 다른 한 가지를 낳았고, 지금 우리는 여기까지 왔다.

우리가 이 책에 넣고 싶었던 것을 모두 넣을 수는 없었다. 그랬다면 '크고 두꺼운' 역학 교과서가 되었을 것이다. 이를 위해 인터넷이 있다. 엄청난 대역폭으로 그 어디에서도 충족할 수 없는 것들을 펼쳐 보여 준다. 웹 사이트 www.madscitech.org/tm

에서 추가 내용들을 찾아 볼 수 있다. 여기에는 이 책에 넣을 수 없었던 연습 문제 해답, 시연, 부가 내용들이 포함되어 있다.

우리가 이 책을 즐겁게 썼던 것만큼 여러분도 즐겁게 읽어 주었으면 좋겠다.

조지 라보프스키

차례

1강

고전 물리학의 본성

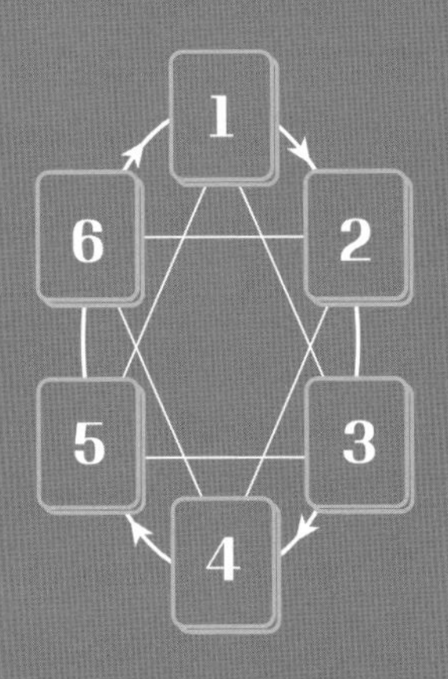

스타인벡 지역 어딘가에서 지친 두 사내가 길가에 앉았다.

레니는 손가락으로 턱수염을 쓰다듬으며 말했다.

"조지, 물리학의 법칙에 대해서 말해 주게나."

조지는 잠깐 아래를 내려다보더니 안경 위쪽 너머로 레니를 빤히 쳐다보았다.

"좋아, 레니. 하지만 최소한으로만일세."

고전 물리학이란 무엇인가?

고전 물리학이라는 단어는 양자 역학의 출현 이전의 물리학을 일컫는다. 고전 물리학에는 입자에 대한 뉴턴의 운동 방정식, 전자기장에 대한 맥스웰-패러데이 이론, 그리고 아인슈타인의 일반 상대성 이론이 포함된다. 하지만 고전 물리학은 단지 특정한 현상에 대한 특정한 이론 그 이상이다. 고전 물리학은 양자 역학적인 불확정성이 중요하지 않은 모든 현상을 지배하는 일련의 원리들과 규칙들—기초가 되는 논리—이다. 그러한 일반 규칙들을 고전 역학이라 부른다.

고전 역학이 하는 일은 미래를 예측하는 것이다. 18세기의 위대한 프랑스 물리학자였던 피에르 시몽 라플라스(Pierre Simon Laplace)가 남긴 유명한 말에는 이렇게 나타나 있다.

> **우리는 우주의 현재 상태를 과거의 결과로 그리고 미래의 원인으로 간주할 수 있다. 어느 순간 자연을 움직이는 모든 힘과 자연을 구성하는 모든 항목들의 모든 위치를 아는 어떤 지적 존재가 있다고 하자. 게다가 그 지능이 이 모든 데이터를 분석해서 처리할 만큼 충분히 위대하다면, 우주에서 가장 큰 물체의 운동과 가장 미세한 원자의 운동까지도 하나의 공식 속에 아우르게 될 것이다. 그러한 지적 존재에게는 그 어떤 것도 불**

확실하지 않으며 미래는 과거와 마찬가지로 눈앞에 펼쳐져 있을 것이다.

고전 물리학에서는 어떤 순간에서 하나의 계에 대한 모든 것을 안다면, 그리고 그 계가 어떻게 변화하는지를 지배하는 방정식을 안다면 미래를 예측할 수 있다. 고전 물리학의 법칙들이 결정론적이라는 말은 바로 이런 의미에서이다. 만약에 우리가 과거와 미래를 뒤집어서 똑같은 이야기를 할 수 있다면, 똑같은 방정식이 과거에 관한 모든 것을 말해 줄 것이다. 그런 계를 가역적이라고 한다.

간단한 동역학적 계와 상태 공간

입자, 장(field), 파동, 또는 무엇이 되었든 개체들의 집합을 계(system)라고 부른다. 전체 우주 또는 다른 모든 것으로부터 아주 고립되어 그 밖에 다른 어떤 것도 존재하지 않는 것처럼 행동하는 계를 닫힌계라고 한다.

연습 문제 1: 이 개념은 이론 물리학에서 무척 중요하다. 닫힌계란 무엇인지 생각해 보고 실제로 존재할 수 있는지 추론해 보라. 닫힌계를 설정하는 데 있어서 암묵적인 가정들은 무엇인가? 열린계는 무엇인가?

결정론적, 가역적이라는 말이 무슨 뜻인지 알아보기 위해 어떤 간단한 닫힌계로 시작하고자 한다. 닫힌계는 물리학에서 보통 연구하는 것들보다 훨씬 더 간단하지만 고전 역학의 법칙들에서 가장 기본적인 규칙들을 만족한다. 아주 간단하면서도 사소한 예로 시작해 보자. 오직 한 가지 상태만 갖고 있는 추상적인 개체를 상상해 보자. 탁자에 달라붙어 영원히 앞면만 보여 주는 동전을 생각할 수도 있다. 물리 용어로 말하자면, 어떤 계가 차지하는 모든 상태의 집합을 상태의 공간, 또는 더 간단하게 상태 공간이라고 한다. 상태 공간은 보통의 공간이 아니다. 계의 가능한 상태들에 이름을 붙여 그것을 원소로 갖는 수학적인 집합이다. 여기서의 상태 공간은 하나의 점 — 말하자면 앞면(또는 H) — 으로 구성된다. 왜냐하면 이 계는 오직 하나의 상태만 갖고 있기 때문이다. 이 계의 미래를 예측하는 것은 지극히 간단하다. 아무 일도 결코 일어나지 않으므로 어떻게 관측을 해도 그 결과는 항상 H이다.

다음으로 가장 간단한 계는 두 점으로 이루어진 상태 공간이다. 이 경우에는 하나의 추상적인 개체와 2개의 가능한 상태가 있다. 앞면(H) 또는 뒷면(T) 중 하나가 가능한 동전을 생각해 보자. (그림 1을 보라.)

H

T

그림 1 두 상태의 공간.

고전 역학에서는 계가 어떤 도약이나 중단 없이 부드럽게 변해 나간다. 이런 움직임을 연속적이라고 말한다. 앞면과 뒷면 사이를 부드럽게 움직일 수 없다는 것은 확실하다. 이 경우의 움직임은 불연속적인 도약으로 일어날 수밖에 없다. 따라서 정수로 표시한 불연속적인 단계로 시간이 들어온다고 가정하자. 그 변화가 불연속적인 세계를 스트로보 사진과 같다고 말할 수 있을 것이다.

시간에 따라 변화하는 계를 동역학적 계라고 부른다. 동역학적 계는 상태의 공간보다 더 많은 것으로 구성된다. 이 계는 또한 운동 법칙, 또는 동역학 법칙을 수반한다. 동역학 법칙은 현재 상태가 주어졌을 때 다음 상태를 말해 주는 규칙이다.

한 가지 아주 간단한 동역학 법칙은 이렇다. 어느 순간의 상태가 무엇이든지 다음 상태는 그 상태와 똑같다는 것이다. 우리 예의 경우 2개의 이력이 가능하다. H H H H H H …와 T T T T T T …가 그것이다.

또 다른 동역학 법칙은 현재 상태가 무엇이든 다음 상태는 그와 반대라는 것이다. 이 두 가지 법칙을 도형으로 그릴 수 있다. 그림 2는 첫 번째 법칙을 묘사한다. H에서 나온 화살표는 H로 가고 T에서 나온 화살표는 T로 간다. 이 또한 미래를 예측하는 것은 쉽다. H에서 시작한 계는 H에 머물러 있다. T에서 시작한 계는 T에 머물러 있다.

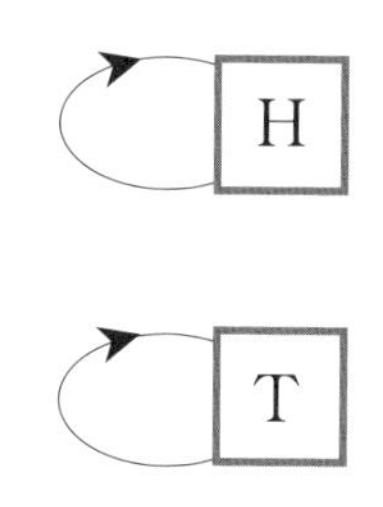

그림 2 두 상태 계의 동역학 법칙.

그림 3은 두 번째 가능한 법칙을 보여 주는 도형이다. H에서 나온 화살표는 T로 가고 T에서 나온 화살표는 H로 간다. 우리는 여전히 미래를 예측할 수 있다. 예를 들어 H에서 시작했다면 그 이력은 H T H T H T H T H T …일 것이다. 만약 T에서 시작했다면 그 이력은 T H T H T H T H …이다.

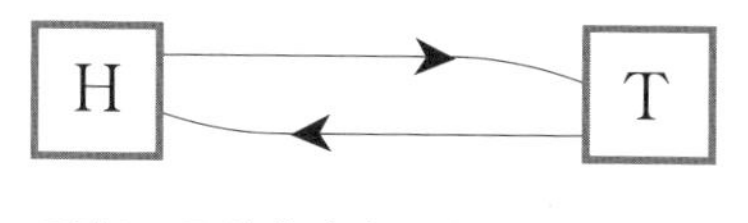

그림 3 두 상태 계의 또 다른 동역학 법칙.

우리는 심지어 이 동역학 법칙들을 방정식의 형태로 쓸 수 있다. 어떤 계를 기술하는 변수들을 자유도라고 부른다. 동전은 하나의 자유도를 갖는다. 우리는 그 자유도를 그리스 문자 σ(시그마)로 나타낼 수 있다. 시그마는 오직 두 가지 가능한 값만 가진다. H와 T에 대해 각각 $\sigma = 1$과 $\sigma = -1$의 값이다. 우리는 또한 시간의 흐름을 쫓아가는 기호를 사용할 것이다. 시간의 연속적인 변화를 고려할 때는 t로 기호화할 수 있다. 여기서는 변화가 불연속적이므로 n을 쓸 것이다. 시간 n에서의 상태는 $\sigma(n)$이라는 기호로 기술할 수 있다. 이는 시간 n에서의 σ를 나타낸다.

두 가지 법칙에 대한 변화 방정식을 써 보자. 첫 번째 법칙은 아무런 변화가 일어나지 않는다고 말한다. 방정식의 형태는 다음과 같다.

$$\sigma(n + 1) = \sigma(n).$$

다른 말로 하자면, n번째 단계에서 σ가 어떤 값을 가지더라도 그 다음 단계에서는 똑같은 값을 가질 것이다.

두 번째 변화 방정식은 다음의 형태를 띤다.

$$\sigma(n + 1) = -\sigma(n).$$

이는 각 단계에서 상태가 뒤집어진다는 것을 뜻한다.

각각의 경우에 미래의 움직임은 초기 상태에 의해 완전히 정해지기 때문에 이런 법칙들은 결정론적이다. 고전 역학의 모든 기본 법칙들은 결정론적이다.

조금 더 재미있게 하기 위해, 상태의 수를 늘려서 이 계를 일반화해 보자. 동전 대신에 6면의 주사위를 사용할 수도 있을 것이다. 여기서는 6개의 상태가 가능하다. (그림 4를 보라.)

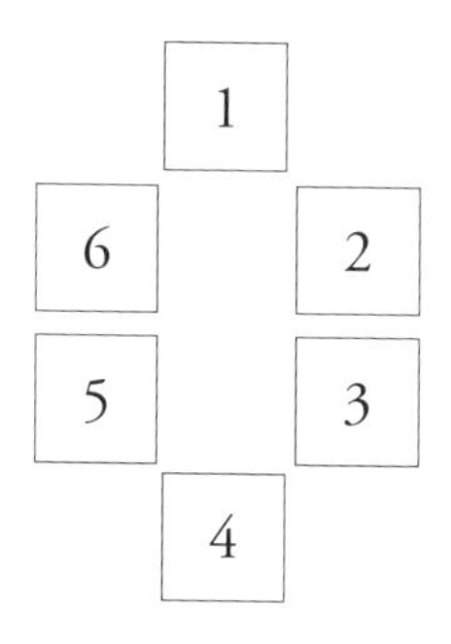

그림 4 여섯 가지 상태를 가진 계.

이제는 가능한 법칙들이 매우 많다. 그리고 법칙들을 말로 또는 심지어 방정식으로도 기술하기가 그리 쉽지 않다. 가장 간단한 방법은 그림 5처럼 도형에 의지하는 것이다. 그림 5는 시간 n에 주사위의 숫자 상태가 주어졌을 때, 다음 순간인 $n + 1$에서 그 상태가 한 단위 증가한다는 것을 말하고 있다. 이는 6에 이를 때까지는 잘 작동한다. 그림 5에 따르면 여기서 1로 돌아가 같은 패턴을 반복하면 된다. 끊임없이 반복되는 그런 패턴을 순환적이라고 부른다. 예를 들어 3에서 시작했다면 그 이력은 3, 4, 5, 6, 1, 2, 3, 4, 5, 6, 1, 2, …가 된다. 이 패턴을 동역학 법칙 1이라고 부르자.

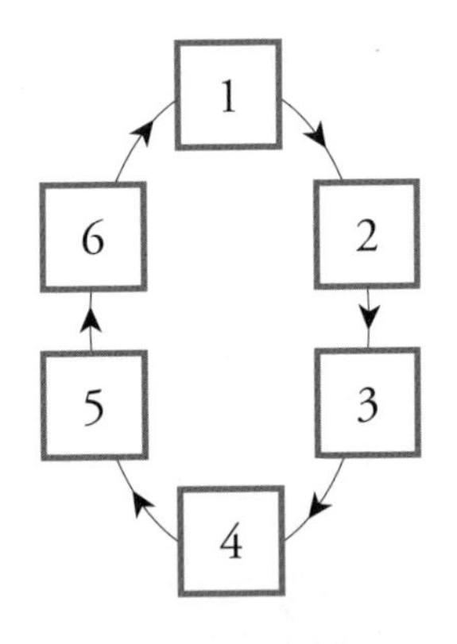

그림 5 동역학 법칙 1.

그림 6은 또 다른 법칙, 동역학 법칙 2를 보여 준다. 이전 경우보다 약간 더 복잡해 보이지만 논리적으로는 똑같다. 각 경우에서 계는 여섯 가지 가능성 속을 끊임없이 순환한다. 우리가 그 상태의 이름을 다시 붙인다면 동역학 법칙 2는 동역학 법칙 1과 똑같아진다.

모든 법칙이 논리적으로 똑같은 것은 아니다. 예를 들어 그림 7의 법칙을 생각해 보자. 동역학 법칙 3은 2개의 순환을 갖고 있다. 둘 중 하나에서 시작하면 다른 쪽으로 갈 수 없다. 그럼에도 불구하고 이 법칙은 완전히 결정론적이다. 어디서 시작하든 미래는 결정된다. 예를 들어 2에서 시작하면 그 이력은 2, 6, 1, 2, 6, 1, …이 될 것이고 결코 5에 이를 수 없을 것이다. 만약 5에서 시작한다면 그 이력은 5, 3, 4, 5, 3, 4, …이어서 결코 6에 이르지 못할 것이다.

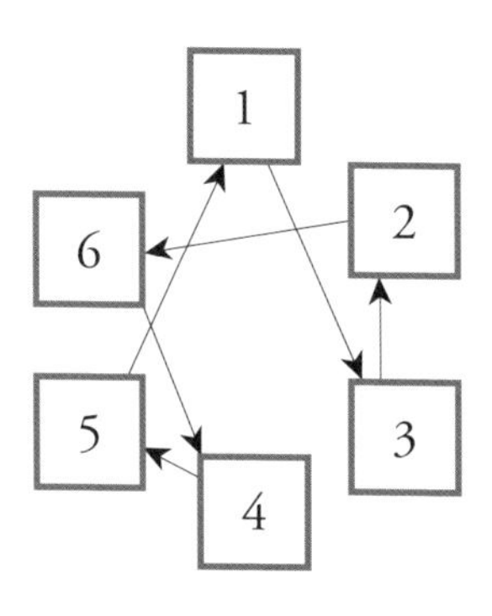

그림 6 동역학 법칙 2.

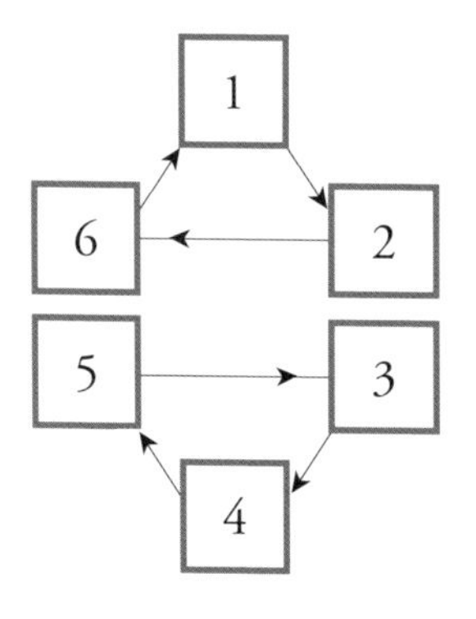

그림 7 동역학 법칙 3.

그림 8은 3개의 순환을 가진 동역학 법칙 4를 보여 준다.

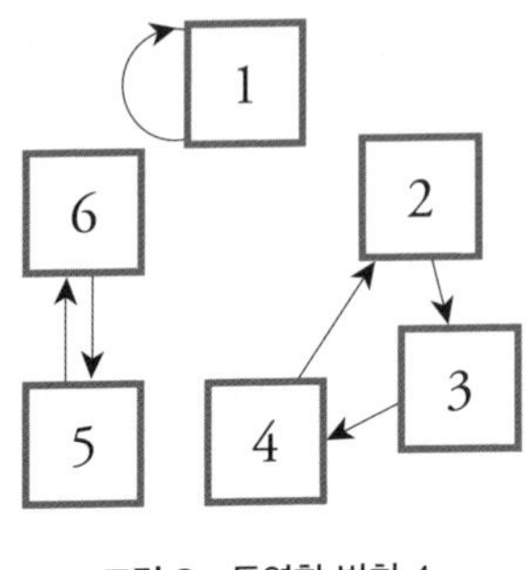

그림 8 동역학 법칙 4.

여섯 가지 상태를 가진 계에 대해 가능한 모든 동역학 법칙을 다 쓰려면 시간이 오래 걸릴 것이다.

> 연습 문제 2: **여섯 가지 상태를 가진 계의 가능한 법칙들을 분류하는 일반적인 방법을 생각해 낼 수 있겠는가?**

허용되지 않는 규칙들: 제-1법칙

고전 물리학의 법칙들에 따르면 모든 법칙들이 적법한 것은 아니다. 동역학 법칙이 결정론적인 것만으로는 충분하지 않다. 법칙들은 또한 가역적이어야만 한다.

물리학의 맥락에서 가역적이라는 뜻은 몇 가지 다른 방식으로 기술할 수 있다. 가장 간결한 방법은 모든 화살표를 뒤집었을 때 그 결과가 여전히 결정론적이라고 하는 것이다. 또 다른 방법은 법칙들이 미래뿐만 아니라 과거로도 결정론적이라고 말하는 것이다. 라플라스의 말을 떠올려 보자. "그러한 지적 존재에게는 그 어떤 것도 불확실하지 않으며 미래는 과거와 마찬가지로 자신의 눈앞에 펼쳐져 있을 것이다." 미래로는 결정론적이지만 과거로는 그렇지 않은 법칙을 생각해 낼 수 있을까? 달리 말해 비가역적인 법칙을 공식화할 수 있을까? 정말로 그럴 수 있다. 그림 9를 생각해 보자.

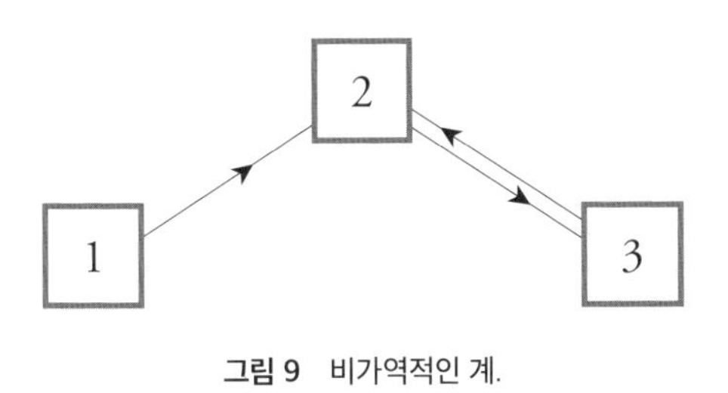

그림 9 비가역적인 계.

그림 9의 법칙은 여러분이 어디에 있든 다음에 어디로 갈지를 말해 준다. 1에 있으면 2로 간다. 2에 있으면 3으로 간다. 3에 있으면 2로 간다. 미래는 전혀 모호하지 않다. 하지만 과거는 다른 문제다. 2에 있다고 가정해 보자. 그 직전에는 어디에 있었을까? 3에서 왔을 수도 있고 1에서 왔을 수도 있다. 도형으로는 알 수가 없다. 가역성이라는 면에서는 더 나쁘게도, 1에 이르게 되는

상태가 없다. 상태 1은 과거가 없다. 그림 9의 법칙은 비가역적이다. 이 그림은 고전 물리학의 원리들이 금지하는 그런 종류의 상황을 보여 준다.

그림 9의 화살표의 방향을 바꾸면 그림 10을 얻는다. 이에 해당하는 법칙은 미래에 어디로 가야 할지 말해 주지 못한다.

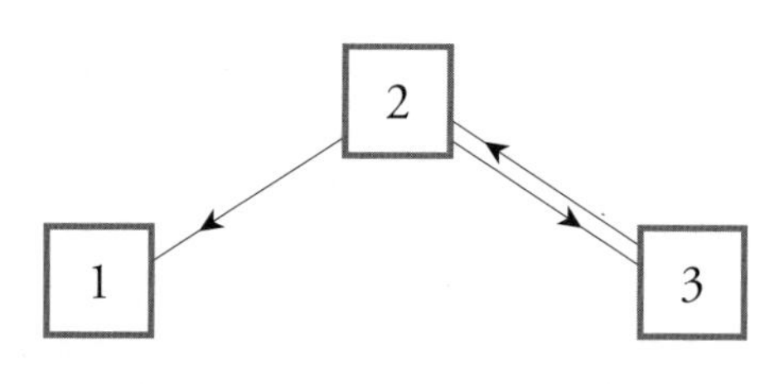

그림 10 미래로 결정론적이지 않은 계.

어떤 도형이 결정론적이고 가역적인 법칙을 나타내는지를 알려 주는 아주 간단한 규칙이 있다. 모든 상태가 자신에게 이르는 하나의 유일한 화살표를 갖고 있고, 또 그로부터 출발하는 하나의 화살표를 갖고 있다면 적법한 결정론적, 가역적 법칙이다. 정리하면 이렇다. 어디로 가야 할지를 알려 주는 하나의 화살표가 있어야 하고 어디에서 왔는지를 알려 주는 하나의 화살표가 있어야만 한다.

동역학 법칙이 결정론적이고 가역적이어야만 한다는 규칙은 고전 물리학에서 너무나 핵심적이라 가끔 이 과목을 가르칠 때 잊어버리고는 한다. 사실 여기에는 이름조차 없다. 이것을 제1법칙이라고 부를 수도 있었겠지만, 이미 제1법칙은 둘이나 있다. 뉴턴의 운동 제1법칙과 열역학 제1법칙 말이다. 심지어 열역학 제0법칙도 있다. 그래서 의심의 여지없이 모든 물리 법칙들 중에서 가장 근본적인 법칙에 대한 우선권을 얻기 위해 제 -1법칙으로 돌아가야만 한다. 그 법칙은 바로 정보의 보존이다. 정보의 보존이란 간단히 말해 모든 상태가 하나의 들어오는 화살표와 하나의 나가는 화살표를 갖고 있다는 규칙이다.

정보의 보존은 통상적인 보존 법칙이 아니다. 잠시 옆길로 새서 무한히 많은 상태를 가진 계를 다룬 뒤에 보존 법칙으로 다시 돌아올 것이다.

무한히 많은 상태 수를 가진 동역학적 계

지금까지의 모든 사례는 오직 유한한 상태 수의 상태 공간을 갖고 있었다. 무한히 많은 상태 수를 가진 동역학적 계를 생각하지 못할 이유는 없다. 예를 들어 무한히 많은 수의 불연속적인 점이 늘어서 있는 선을 생각해 보자. 양쪽 방향으로 무한히 많은 역이 줄지어 있는 기차 선로처럼 말이다. 어떤 종류의 표식자(marker)가 어떤 규칙에 따라 한 점에서 다른 점으로 뛰어다닐 수 있다고 가정하자. 그런 계를 기술하기 위해 우리는 앞서 불연속적인 순간들에 이름표를 붙인 것과 같은 방법으로 정수를 써서 선을 따라 있는 점들에 이름을 붙일 수 있다. 불연속적인 시간 간격에 대해 이미 n이라는 기호를 썼으니까 줄지어 있는 점들에 대해서는 대문자 N을 쓰도록 하자. 표식자의 이력은 어떤 함수 $N(n)$으로 구성된다. 이 함수는 모든 시각 n에 대해 선로상의 위치 N을 말해 준다. 그림 11은 이 상태 공간의 짧은 일부분을 보여 준다.

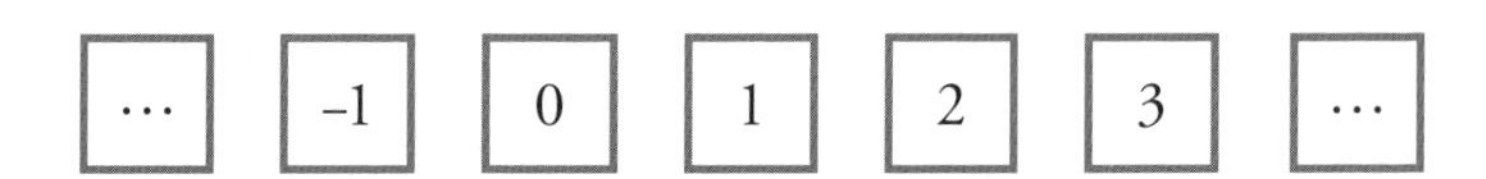

그림 11 무한한 계의 상태 공간.

이런 계에 대한 아주 간단한 동역학 법칙이 그림 12에 그려져 있다. 각 시간 간격마다 양의 방향으로 표식자를 한 단위 이동시키는 것이다.

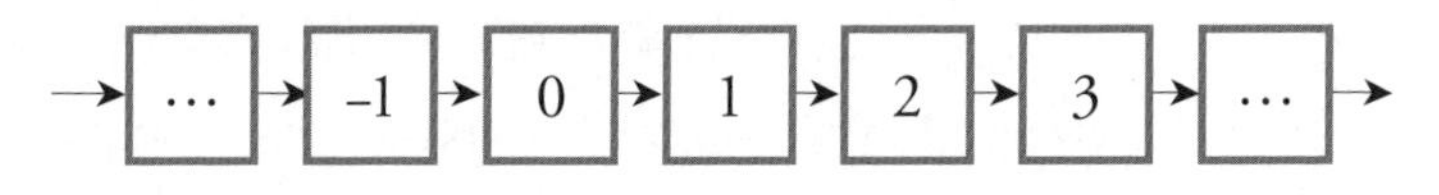

그림 12 무한한 계의 어떤 동역학 법칙.

각 상태는 하나의 화살표가 들어오고 하나의 화살표가 나가기 때문에 이것을 허용할 수 있다. 이 규칙은 방정식의 형태로 쉽게 표현할 수 있다.

$$N(n+1) = N(n) + 1. \tag{1}$$

몇몇 다른 가능한 규칙들도 있다. 모두가 허용되는 것은 아니다.

$$N(n+1) = N(n) - 1 \tag{2}$$

$$N(n+1) = N(n) + 2 \tag{3}$$

$$N(n+1) = N(n)^2 \tag{4}$$

$$N(n+1) = (-1)^{N(n)} N(n). \tag{5}$$

연습 문제 3: 식 (2)에서 (5)까지의 동역학 법칙들 중 어떤 것을 허용할 수 있는지 정하라.

식 (1)에서는 어디서 출발하든, 미래로 가든지 또는 과거로 가든지 어느 경우나 결국에는 모두가 바로 다음 점으로 가게 될 것이다. 이 경우 하나의 무한한 순환이 있다고 말할 수 있다. 한편 식 (3)에서는 홀수의 N 값에서 출발하면 짝수 값으로는 결코 가지 못한다. 그 반대도 마찬가지이다. 그래서 2개의 무한한 순환이 있다고 말할 수 있다.

그림 13이 보여 주듯이 더 많은 순환을 만들기 위해 계에 질적으로 다른 상태들을 또한 추가할 수도 있다.

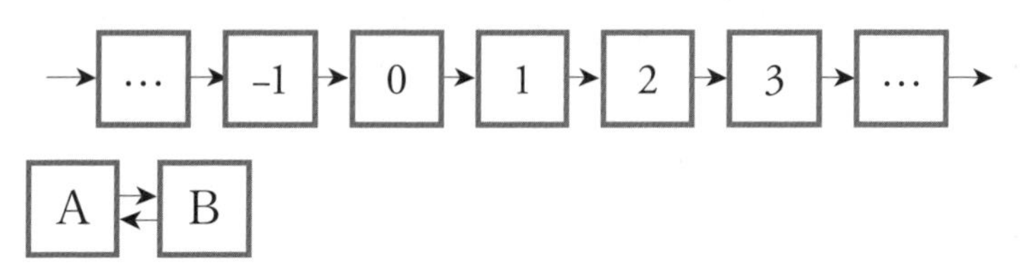

그림 13 무한한 구성 공간을 유한 순환과 무한 순환으로 쪼개기.

숫자에서 시작하면 그림 12에서와 마찬가지로 위쪽 선을 따라 그냥 계속 진행해 나가면 된다. 다른 한편 A나 B에서 출발하면 그 사이를 순환하게 된다. 그래서 어떤 상태에서는 순환하면서 도는 한편 다른 상태에서는 무한대를 향해 끝없이 움직이는, 그런 혼합물도 가능하다.

순환과 보존 법칙

상태 공간이 몇몇 순환으로 분리되어 있을 때, 그 계는 어떤 순환에서 시작했든 그대로 남아 있게 된다. 각 순환은 그 자신의 동역학 법칙을 갖고 있지만, 똑같은 동역학적 계를 기술하고 있으므로 모두가 똑같은 상태 공간의 일부분이다. 3개의 순환을 갖고 있는 계를 생각해 보자. 상태 1, 2 각각은 자기 자신의 순환에 속하며 3과 4는 세 번째 순환에 속한다. (그림 14를 보라.)

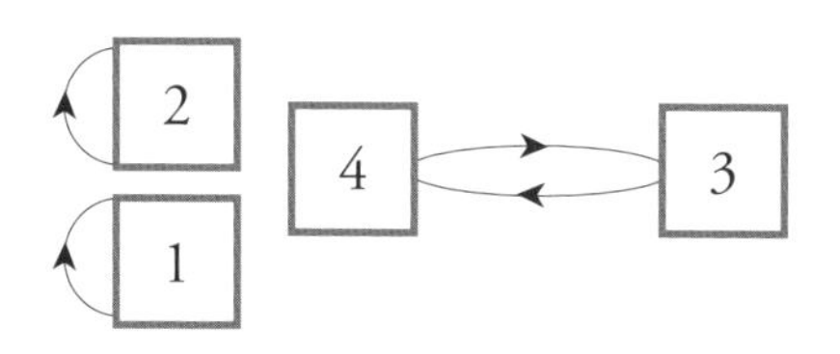

그림 14 상태 공간을 순환으로 나눈다.

동역학 법칙이 상태 공간을 그런 분리된 순환들로 나눌 때마다, 어떤 순환에서 시작했는지를 기억하고 있다. 그런 기억을 보존 법칙이라고 부른다. 무언가가 모든 시간에 대해 온전히 유지된다는 말이다. 보존 법칙을 정량화하기 위해, 각 순환마다 Q라 불리는 숫자 값을 부여한다. 그림 15의 예에서 3개의 순환은 $Q = +1$, $Q = -1$, 그리고 $Q = 0$으로 이름 붙였다. Q 값이 얼마든 그 값은 모든 시간에 대해 똑같이 남아 있다. 왜냐하면 동역학 법칙이 하나의 순환에서 다른 순환으로 뛰어넘는 것을 허용하지 않기 때문이다. 간단히 말해 Q가 보존된다.

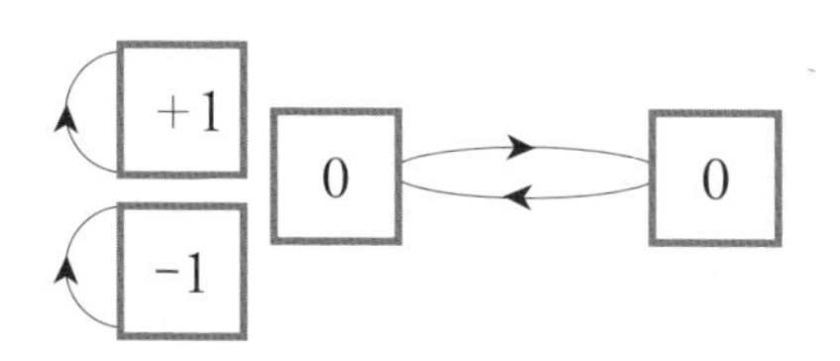

그림 15 보존되는 양의 특정한 값으로 순환들에 이름을 붙인다.

이후의 장에서 우리는 시간과 상태 공간 모두 연속적인, 연속 운동의 문제를 다루게 될 것이다. 간단한 불연속 계에서 논의했던 모든 것들은 보다 현실적인 계에서 비슷한 것들이 있다. 하지만 여러 장을 지나가야 그것들이 모두 어떻게 돌아가는지 알게 될 것이다.

정밀함의 한계

라플라스는 세상이 얼마나 예측 가능한 것인지에 대해 지나치게 낙관적이었을지도 모른다. 고전 물리학 내에서조차 말이다. 미래를 예측하려면 라플라스 자신이 "이 모든 데이터를 분석해서 처리할 만큼 충분히 위대한 지능"이라고 불렀던 어마어마한 계산능력뿐만 아니라, 세상을 지배하는 동역학 법칙들에 대한 완벽한 지식 또한 필요하다는 것에 라플라스도 분명히 동의할 것이다. 하지만 라플라스가 과소평가했을지도 모를 또 다른 요소가 있다. 거의 완벽한 정밀도로 초기 조건을 아는 능력 말이다. 100만 개의 면을 가진 주사위를 생각해 보자. 각 면은 한 자릿수 정수와 외형적으로 비슷한 기호로 이름 붙였다. 하지만 약간의 차이도 있어서 100만 개의 이름표는 충분히 구별이 가능하다. 만약 동역학 법칙을 안다면, 그리고 초기 이름표를 인식할 수 있다면 주사위의 미래 이력을 예측할 수 있을 것이다. 그러나 만약 라플라스의 엄청난 지능이 보는 데 약간의 장애가 있어서 비슷한 이름표들을 구분할 수 없다면, 그 지능의 예측 능력은 제한될 것이다.

실제 세상에서는 상황이 훨씬 더 안 좋다. 상태 공간은 점의 숫자가 엄청날 뿐만 아니라 연속적으로 무한하다. 달리 말해 상태 공간은 입자의 좌표처럼 실수의 집합으로 꼬리표가 붙는다. 실수는 굉장히 밀도가 높아서 모든 실수에 대해 그 값이 임의로 가까운 이웃한 실수들이 무한히 많다. 이런 숫자들의 이웃한 값을 구별하는 능력이 어떤 실험에서의 해상도이다. 어떤 실제 관측자에 대해서도 해상도는 제한되어 있다. 원칙적으로 우리는 무한한 정밀도로 초기 조건을 알 수 없다. 대부분의 경우 초기 조건(출발 상태)에서의 가장 미세한 차이조차 그 결과물에서는 종국적으로 큰 차이를 만들게 된다. 이 현상을 혼돈(chaos)이라 부른다. 한 계가 혼돈계이면(대부분이 그렇다.) 해상도가 아무리 좋다 하더라도 그 계를 예측할 수 있는 시간은 제한된다는 것을 뜻한다. 완벽한 예측력은 가질 수 없다. 간단히 말해 우리의 해상도가 제한되어 있기 때문이다.

막간 1 ✻ 공간, 삼각법, 벡터

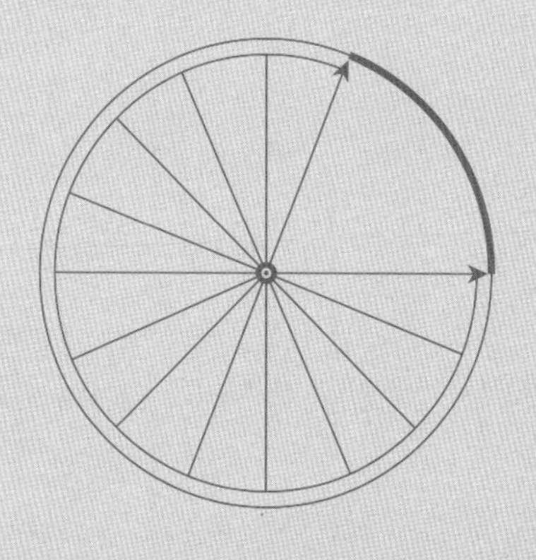

"우리가 어디 있는 거야, 조지?"

조지는 지도를 꺼내 레니 앞에 펼쳐 놓았다.

"우리는 바로 여기 있어, 레니.

좌표로 북위 36.60709도, 서경 −121.618652도."

"응? 무슨 좌표라고 조지?"

좌표

점을 정량적으로 기술하기 위해서는 좌표계가 필요하다. 좌표계 구축은 공간의 한 점을 원점으로 고르는 것에서 시작한다. 원점은 방정식을 특별히 간단하게 만들기 위해 선택되기도 한다. 예를 들어 태양이 아닌 다른 곳에 원점을 잡으면 태양계에 관한 이론은 더 복잡해질 것이다. 엄밀하게 말해서 원점의 위치는 임의적이다. 어디에 잡아도 상관없다. 다만 한번 정해지면 그 위치를 고수해야 한다.

다음 단계는 3개의 직교하는 축을 고르는 것이다. 이번에도 그 방향은 다소 임의적이다. 서로가 수직이기만 하면 말이다. 그 축은 대개 x, y, z라 부르지만 x_1, x_2, x_3이라 불러도 된다. 그림 1에서처럼 이런 좌표계를 데카르트 좌표계라 한다.

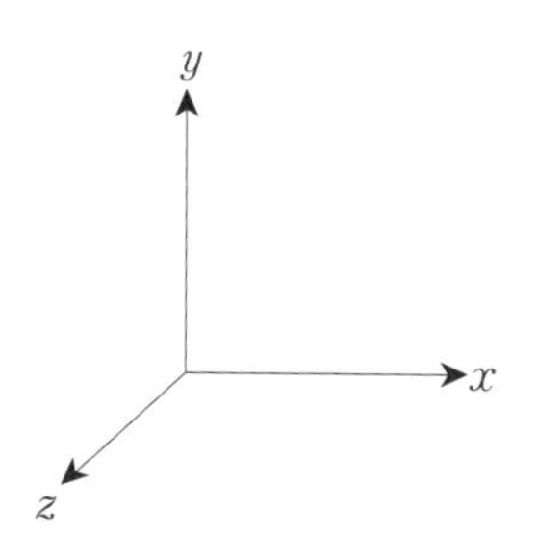

그림 1 3차원 데카르트 좌표계.

우리는 공간 속의 어떤 점 하나를 기술하려고 한다. 그 점을 P라 하자. 그 점의 x, y, z 좌표를 부여함으로써 위치를 잡을 수 있다. 달리 말해 점 P를 세 숫자의 순서쌍 (x, y, z)와 동일시할 수 있다. (그림 2를 보라.)

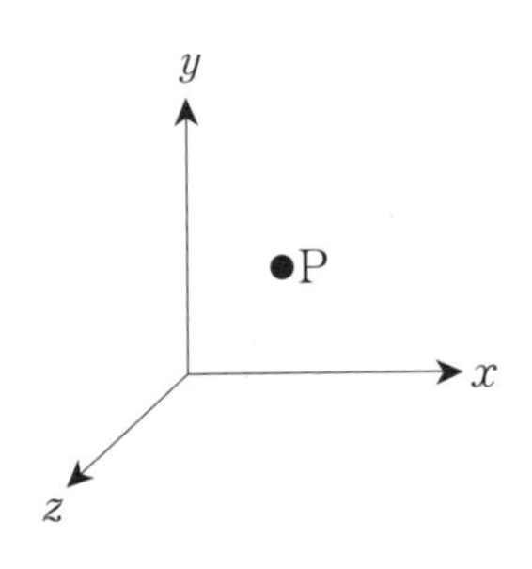

그림 2 데카르트 좌표 속의 점.

x 좌표는 $x = 0$으로 정의되는 평면에서 P까지의 수직 거리를 나타낸다. (그림 3을 보라.) y와 z 좌표에 대해서도 마찬가지이다. 좌표는 거리를 나타내기 때문에 미터 같은 길이의 단위로 측정된다.

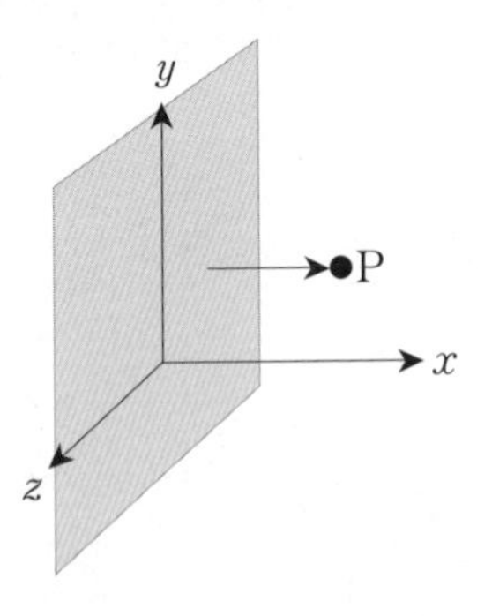

그림 3 $x = 0$으로 정의되는 평면과, 거기서 x 축을 따라 P에 이르는 거리.

운동을 연구할 때면 시간을 추적할 필요도 있다. 다시 한번 우리는 원점, 즉 0인 시간에서 시작한다. 빅뱅이나 예수의 탄생, 또는 실험이 시작된 시점을 원점으로 잡을 수도 있을 것이다. 하지만 일단 원점을 잡았으면 바꾸어서는 안 된다.

다음으로 시간의 방향을 정할 필요가 있다. 보통 관습적으로 양의 시간은 미래를 향하고 음의 시간은 과거를 향한다. 다른 식으로 할 수도 있겠지만, 그러지 않을 것이다.

마지막으로 시간의 단위가 필요하다. 물리학자들이 관례적으로 쓰는 단위는 초이지만, 시, 나노초, 또는 년도 가능하다. 일단 단위와 원점을 정했으면 어떤 시간이라도 숫자 t로 표시할 수 있다.

고전 역학에서는 시간에 대해 암묵적으로 두 가지 가정을 한다. 첫째, 시간은 균일하게 흘러간다. 1초의 간격은 한 순간에나 다른 순간에 정확하게 똑같은 의미를 갖는다. 예를 들어 갈릴레오 시절에 피사의 사탑에서 추가 떨어지는 데 걸린 시간은 지금 걸리는 시간과 같다. 1초는 그때나 지금이나 똑같은 것을 의미한다.

또 다른 가정은 다른 위치에서 시간을 비교할 수 있다는 것이다. 이는 다른 곳에 위치해 있는 시계들을 동기화할 수 있다는 것을 뜻한다. 이런 가정들 위에서 4개의 좌표 x, y, z, t는 하나의 기준 좌표계를 정의한다. 기준 좌표계 내의 임의의 사건에는 이들 좌표의 각 값이 반드시 할당되어야 한다.

함수 $f(t) = t^2$이 주어졌을 때 우리는 좌표계에 그 점을 찍을 수 있다. 하나의 축은 시간 t를 나타내고 다른 축은 함수 $f(t)$를 나타낸다. (그림 4를 보라.)

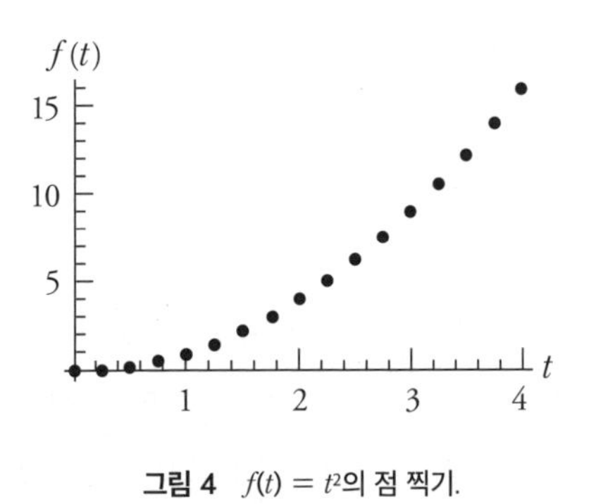

그림 4 $f(t) = t^2$의 점 찍기.

그 점들 사이의 공간을 채워서 점들을 곡선으로 연결할 수도 있다. (그림 5를 보라.)

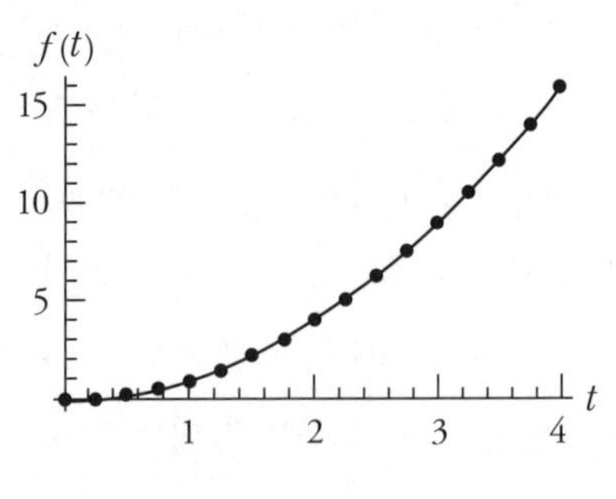

그림 5 점들을 곡선으로 연결한다.

이런 식으로 우리는 함수를 시각화할 수 있다.

연습 문제 1: 그래프 계산기나 매스매티카(Mathematica) 같은 프로그램을 써서 다음 함수들을 그려라. 삼각 함수에 익숙하지 않다면 다음 장을 보라.

$$f(t) = t^4 + 3t^3 - 12t^2 + t - 6$$
$$g(x) = \sin x - \cos x$$
$$\theta(\alpha) = e^\alpha + \alpha \ln \alpha$$
$$x(t) = \sin^2 t - \cos t$$

삼각법

삼각법을 배우지 않았거나 오래전에 배웠다면 이 장은 그런 분들을 위한 것이다.

삼각법은 물리학에서 항상 쓰인다. 어디서나 볼 수 있다. 따라서 삼각법에서 쓰이는 아이디어, 기호, 기법 등에 다소 익숙해질 필요가 있다. 우선 물리학에서는 각도의 단위로 도를 일반적으로 쓰지 않는다. 그 대신 라디안(radian)을 쓴다. 360도는 2π 라디안이라고 한다. 즉 1도 $= \frac{\pi}{180}$ 라디안이고 따라서 90도 $= \frac{\pi}{2}$ 라디안이며 30도 $= \frac{\pi}{6}$ 라디안이다. 따라서 1라디안은 약 57도이다. (그림 6을 보라.)

삼각 함수는 직각 삼각형의 성질로써 정의된다. 그림 7에 직각 삼각형과 그 빗변 c, 밑변 b, 높이 a가 그려져 있다. 높이와 마주 보는 각은 그리스 문자 θ(세타)로 정의하고 밑변과 마주 보는 각은 그리스 문자 ϕ(파이)로 정의한다.

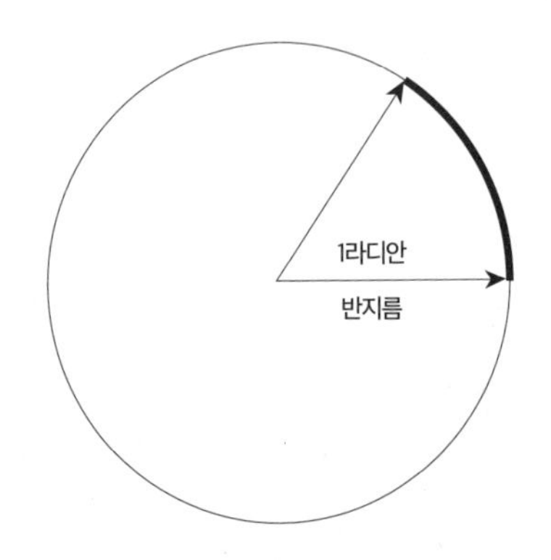

그림 6 라디안은 원의 반지름과 똑같은 길이의 호에 대응되는 각이다.

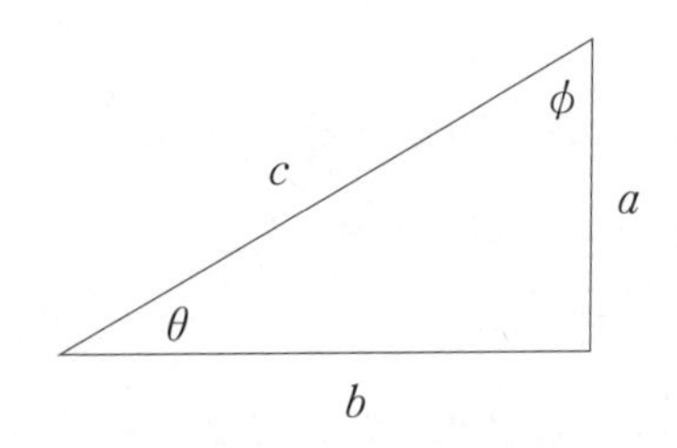

그림 7 직각 삼각형에 변과 각이 표시되어 있다.

다음 관계식에 따라 다양한 변들의 비율로서 사인(sin), 코사인(cos), 탄젠트(tan) 함수를 정의한다.

$$\sin\theta = \frac{a}{c}$$

$$\cos\theta = \frac{b}{c}$$

$$\tan\theta = \frac{a}{b} = \frac{\sin\theta}{\cos\theta}.$$

이들 함수들이 어떻게 변하는지 그래프로 그릴 수 있다. (그림 8, 9, 10을 보라.)

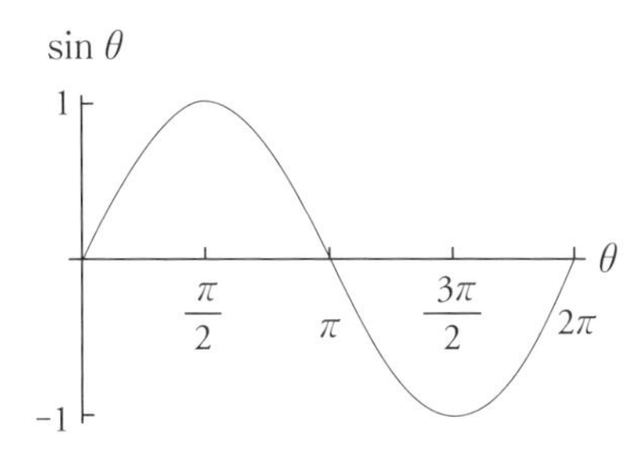

그림 8 사인 함수의 그래프.

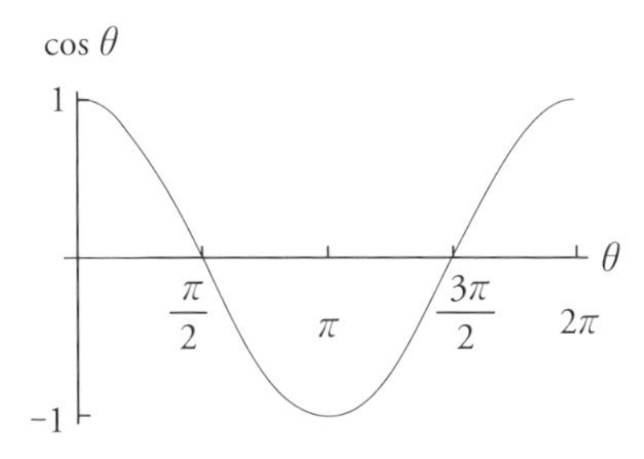

그림 9 코사인 함수의 그래프.

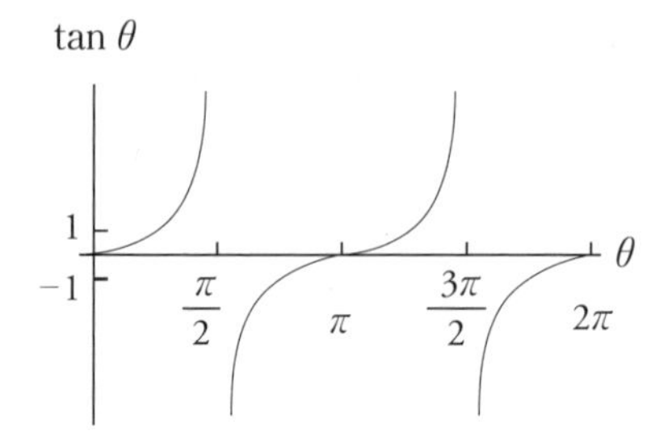

그림 10 탄젠트 함수의 그래프.

삼각 함수에 대해 알아 두면 유용한 것들이 몇 가지 있다. 첫째로 그림 11에서 보듯이 데카르트 좌표계의 원점을 중심으로 하는 원 속에 삼각형을 그릴 수 있다.

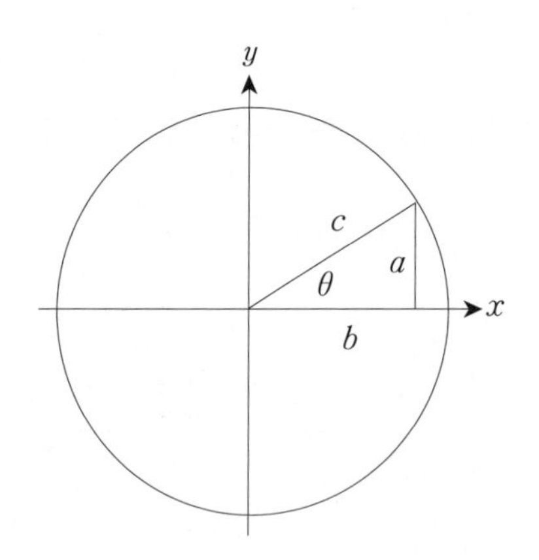

그림 11 원 속에 그려진 직각 삼각형.

원의 중심과 원주 위의 임의의 점을 연결하는 선은 직각 삼각형의 빗변이며 그 점의 수평 성분과 수직 성분은 각각 그 삼각형의 밑변과 높이이다. 점의 위치는 2개의 좌표 x와 y로 지정할 수 있다.

$$x = c\cos\theta$$
$$y = c\sin\theta.$$

이는 직각 삼각형과 원 사이의 아주 유용한 관계식이다.

어떤 각도 θ를 다른 두 각도(그리스 문자 α(알파)와 β(베타))의 합이나 차이라고 했을 때 이 각도 θ를 $\alpha \pm \beta$라 쓸 수 있다. $\alpha \pm \beta$에 대한 삼각 함수는 α와 β의 삼각 함수들로써 표현할 수 있다.

$$\sin(\alpha+\beta) = \sin\alpha\cos\beta + \cos\alpha\sin\beta$$
$$\sin(\alpha-\beta) = \sin\alpha\cos\beta - \cos\alpha\sin\beta$$
$$\cos(\alpha+\beta) = \cos\alpha\cos\beta - \sin\alpha\sin\beta$$
$$\cos(\alpha-\beta) = \cos\alpha\cos\beta + \sin\alpha\sin\beta.$$

마지막으로 아주 유용한 등식은 다음과 같다.

$$\sin^2\theta + \cos^2\theta = 1. \qquad (1)$$

(여기서 $\sin^2\theta = \sin\theta\sin\theta$이다.) 이 식은 피타고라스의 정리를 다른 식으로 표현한 것이다. 그림 11에서 원의 반지름을 1로 잡으면 변 a와 b는 θ의 사인과 코사인이 되고 빗변은 1이다. 식 (1)은 직

각 삼각형의 세 변 사이의 익숙한 관계식 $a^2 + b^2 = c^2$과 같다.

벡터

벡터 표기법은 여러분이 예전에 본 적이 있는 수학 과목이라고 가정하지만, 공평을 기하기 위해 보통의 3차원 공간에서 벡터 표기법을 복습해 보자.

벡터(vector)는 공간에서 길이(또는 크기)와 방향을 모두 갖고 있는 개체라고 생각할 수 있다. 변위가 한 예이다. 어떤 물체가 특정한 출발점에서 움직였다면 그 물체가 어디서 멈추었는지 알기 위해서는 얼마나 멀리 움직였는지를 아는 것만으로는 충분하지가 않다. 그 변위의 방향도 알아야만 한다. 변위는 벡터의 가장 간단한 예이다. 그림 12가 보여 주듯이 벡터는 길이와 방향을 가진 화살표로 도식적으로 묘사할 수 있다.

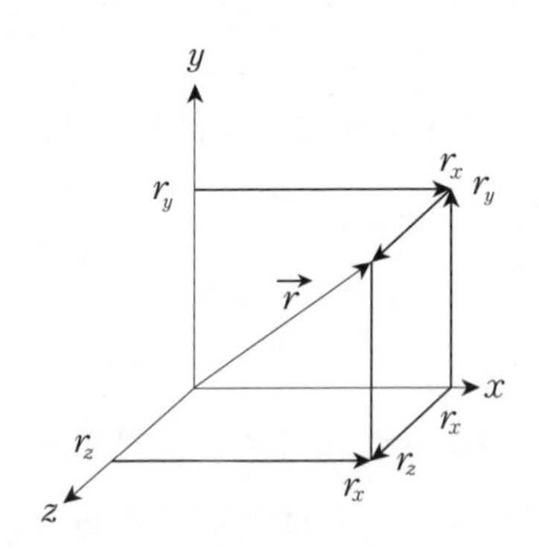

그림 12 데카르트 좌표계에서의 벡터 $\vec{r}$.

벡터를 기호로 표현할 때는 문자 위에 화살표를 그려서 나타낸다. 그래서 변위에 대한 기호는 $\vec{r}$ 이다. 벡터의 크기 또는 길이는 절댓값 기호로 표현한다. 따라서 $\vec{r}$ 의 길이는 $|\vec{r}|$로 나타낸다.

벡터로 할 수 있는 연산이 몇몇 있다. 우선 벡터에 보통의 실수를 곱할 수 있다. 벡터를 다룰 때 스칼라(scalar)라는 특별한 이름이 붙은 그런 실수를 종종 보게 될 것이다. 양수를 곱하면 단지 그 숫자만큼 벡터의 길이가 늘어난다. 하지만 음수도 곱할 수 있다. 음수는 벡터의 방향을 바꾼다. 예를 들어 $-2\vec{r}$ 는 $\vec{r}$ 보다 2배 길면서 반대 방향을 가리키는 벡터이다.

벡터는 더할 수 있다. $\vec{A}$ 와 $\vec{B}$ 를 더하려면 그림 13이 보여주듯이 이 두 벡터가 평행 사변형을 이루도록 배치한다. (이 방법은 벡터의 방향을 보존한다.) 벡터의 합은 대각선의 길이와 그 방향에 해당하는 벡터이다.

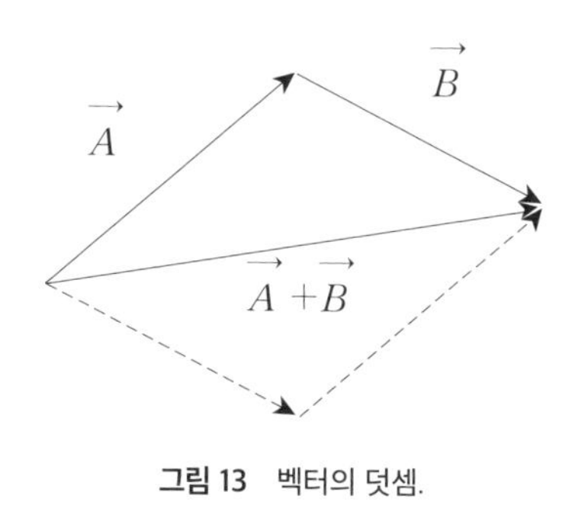

그림 13 벡터의 덧셈.

벡터를 더할 수 있고 음수를 곱할 수 있으면 뺄셈도 가능하다.

연습 문제 2: 벡터의 뺄셈 규칙을 산출하라.

벡터는 또한 성분의 형태로 기술할 수 있다. 3개의 수직축 x, y, z부터 시작해 보자. 다음으로, 이 축들을 따라 놓여 있는 길이가 1인 세 가지의 단위 벡터를 정의한다. 좌표축 방향의 단위 벡터를 기저 벡터라 부른다. 데카르트 좌표계의 세 기저 벡터를 전통적으로 $\hat{i}$, $\hat{j}$, $\hat{k}$라 부른다. (그림 14를 보라.) 더 일반적으로 (x_1, x_2, x_3)를 말할 때는 $\hat{e}_1$, $\hat{e}_2$, $\hat{e}_3$로 쓴다. 여기서 ^ 기호(캐럿)는 우리가 단위(또는 기저) 벡터를 다루고 있음을 말한다. 기저 벡터가 유용한 이유는 임의의 벡터 $\vec{V}$를 다음과 같은 방식으로 기저를 써서 쓸 수 있기 때문이다.

$$\vec{V} = V_x\hat{i} + V_y\hat{j} + V_z\hat{k}. \qquad (2)$$

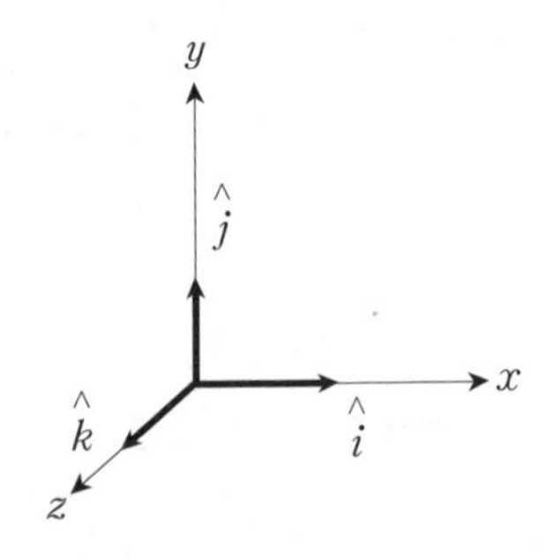

그림 14 데카르트 좌표계에서의 기저 벡터.

V_x, V_y, V_z는 기저 벡터를 더해서 $\vec{V}$를 만드는 데 필요한 계수들로서 $\vec{V}$의 성분이라고 부른다. 식 (2)는 기저 벡터의 선형 조합이라고 부른다. 적절한 인수로 기저를 더한다는 말을 이렇게 세련된 방식으로 말할 수 있다. 벡터 성분은 양수이거나 음수일 수 있다. 또한 벡터는 그 성분의 목록으로 쓸 수 있다. 이 경우는 (V_x, V_y, V_z)이다. 벡터의 크기는 3차원 피타고라스의 정리를 적용하면 그 성분을 써서 구할 수 있다.

$$|\vec{V}| = \sqrt{V_x^2 + V_y^2 + V_z^2}. \tag{3}$$

$\vec{V}$의 각 성분에 스칼라 α를 곱한 성분을 쓰면 벡터에 스칼라를 곱할 수 있다.

$$\alpha\vec{V} = (\alpha V_x, \alpha V_y, \alpha V_z).$$

두 벡터의 합은 해당 성분의 합으로 쓸 수 있다.

$$(\vec{A} + \vec{B})_x = (A_x + B_x)$$
$$(\vec{A} + \vec{B})_y = (A_y + B_y)$$
$$(\vec{A} + \vec{B})_z = (A_z + B_z).$$

벡터를 곱할 수도 있을까? 물론이다. 게다가 한 가지 이상의 방법이 있다. 곱의 한 형태(외적)는 그 결과가 또 다른 벡터이다. 당분간은 외적에 대해 생각하지 않고 또 다른 곱셈 방법인 내적만 생각할 것이다. 두 벡터의 내적은 평범한 숫자인 스칼라이다. $\vec{A}$ 와 $\vec{B}$ 에 대해 내적은 다음과 같이 정의된다.

$$\vec{A} \cdot \vec{B} = |\vec{A}||\vec{B}|\cos\theta.$$

여기서 θ는 두 벡터 사이의 각도이다. 말로 설명하자면, 내적이란 두 벡터의 크기와 두 벡터 사이의 각도의 코사인 값의 곱이다.

내적은 성분을 써서 다음과 같은 형태로도 정의할 수 있다.

$$\vec{A} \cdot \vec{B} = A_x B_x + A_y B_y + A_z B_z.$$

성분이 주어졌을 때는 이렇게 내적을 계산하는 것이 쉽다.

연습 문제 3: 벡터의 크기는 $|\vec{A}|^2 = \vec{A} \cdot \vec{A}$ 를 만족한다는 것을 보여라.

연습 문제 4: $(A_x = 2, A_y = -3, A_z = 1)$, $(B_x = -4, B_y = -3, B_z = 2)$ 라 하자. $\vec{A}$ 와 $\vec{B}$ 의 크기, 내적, 그리고 이 두 벡터 사이의 각도를 계산하라.

내적의 한 가지 중요한 성질은 두 벡터가 직교(수직)할 때 내적이 0이라는 것이다. 이 사실을 명심해라. 벡터가 직교한다는 것을 보이기 위해 종종 사용할 것이다.

연습 문제 5: **어떤 벡터 쌍이 직교하는지 정하라.**

(1, 1, 1), (2, −1, 3), (3, 1, 0), (−3, 0, 2)

연습 문제 6: **직교하는 두 벡터의 내적이 왜 0인지 설명할 수 있는가?**

✳ 2강 ✳

운동

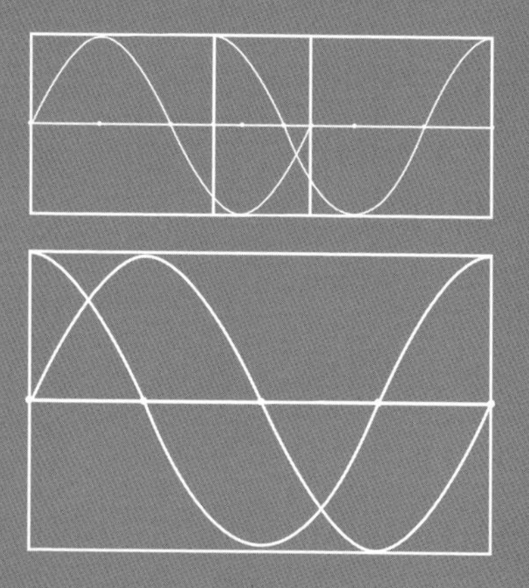

레니가 불평한다.

"조지, 이렇게 스트로보 사진처럼 팡팡 튀는 것 때문에 짜증나.

시간은 정말 그렇게 울퉁불퉁한 거야?

좀 더 매끄럽게 진행하는 게 있었으면 좋겠는데."

조지는 잠깐 생각하더니 칠판을 지웠다.

"좋아, 레니. 오늘은 매끄럽게 변화하는 계를 공부하자고."

막간: 미분법에 대하여

이 책에서 우리는 다양한 양들이 시간에 따라 어떻게 변하는지를 주로 다룰 것이다. 고전 역학의 대부분은 시간이 연속적으로 변함에 따라 부드럽게(수학적인 용어로는 연속적으로) 변하는 것들을 다룬다. 상태를 최신으로 바꾸는 동역학 법칙들은 그런 연속적인 시간의 변화를 수반해야만 한다. 1강에 나오는 스트로보 사진 같은 변화와는 다르다. 그래서 우리는 독립 변수 t의 함수에 관심이 많다.

연속적인 변화에 수학적으로 대처하기 위해 우리는 미적분이라는 수학을 사용한다. 미적분은 극한에 관한 것이다. 그러니 미리 준비되어 있는 극한의 아이디어를 살펴보자. 수열 l_1, l_2, l_3, …이 있어 어떤 값 L에 점점 더 가까이 다가간다고 가정해 보자. 이 수열의 극한은 L이다. 수열의 어떤 항도 L과 같지 않지만, 점점 더 L에 가까워진다. 이를 다음과 같이 쓴다.

$$\lim_{i \to \infty} l_i = L.$$

한마디로 L은 i가 무한대로 갈 때의 l_i의 극한이다.

똑같은 생각을 함수에 적용할 수 있다. 함수 $f(t)$에 대해 t가 어떤 값 a에 점점 더 가까이 다가감에 따라 함수가 어떻게 변하는지를 기술하고자 한다. 만약 t가 a에 가까워짐에 따라 $f(t)$가 L에 가까워진다면, 우리는 t가 a로 다가갈 때의 $f(t)$의 극한이 숫자 L이라고 한다. 기호로는 다음과 같이 표현한다.

$$\lim_{t \to a} f(t) = L.$$

$f(t)$가 변수 t의 함수라 하자. t가 변하면 $f(t)$도 변할 것이다. 미분법은 그런 함수의 변화율을 다룬다. 아이디어는 이렇다. 먼저 어느 순간의 $f(t)$에서 시작한다. 그러고는 시간을 약간 변화시켜 $f(t)$가 얼마나 변화하는지를 살펴본다. 변화율은 t의 변화에 대한 f의 변화의 비율로 정의된다. 어떤 양의 변화는 그리스 대문자 Δ(델타)로 표시한다. t의 변화를 Δt라 하자. (이것은 $\Delta \times t$가 아니라, t의 변화량이다.) Δt의 간격 동안 f는 $f(t)$에서 $f(t + \Delta t)$로 변한다. f의 변화량을 Δf로 표시하면 다음과 같이 주어진다.

$$\Delta f = f(t + \Delta t) - f(t).$$

시간 t에서의 변화량을 정확하게 정의하려면 Δt를 0으로 줄여야 한다. 물론 그렇게 되면 Δf 또한 0으로 줄어든다. 하지만 Δf를 Δt로 나누면 그 비율은 어떤 극한값이 된다. 그 극한이 t에 대한 $f(t)$의 도함수이다.

$$\frac{df(t)}{dt} = \lim_{\Delta t \to 0} \frac{\Delta f}{\Delta t} = \lim_{\Delta t \to 0} \frac{f(t + \Delta t) - f(t)}{\Delta t}. \qquad (1)$$

엄밀한 수학자라면 $\frac{df(t)}{dt}$가 두 극소량의 비율이라는 아이디어에 인상을 찌푸릴지도 모르겠다. 하지만 이것을 통해 실수를 저지를 일은 극히 드물 것이다.

몇몇 도함수를 계산해 보자. t의 거듭 제곱으로 정의된 함수부터 시작하자. 특히 $f(t) = t^2$의 도함수를 계산하는 방법을 보여 줄 것이다. 식 (1)을 적용해서 $f(t + \Delta t)$를 정의하는 것부터 시작해 보자.

$$f(t + \Delta t) = (t + \Delta t)^2.$$

$(t + \Delta t)^2$은 직접 곱해서 계산하거나 이항 정리를 이용할 수도 있다. 어느 쪽이든 결과는 다음과 같다.

$$f(t + \Delta t) = t^2 + 2t\Delta t + \Delta t^2.$$

이제 $f(t)$를 빼면 다음과 같이 된다.

$$\begin{aligned} f(t + \Delta t) - f(t) &= t^2 + 2t\Delta t + \Delta t^2 - t^2 \\ &= 2t\Delta t + \Delta t^2. \end{aligned}$$

다음 단계는 Δt로 나누는 것이다.

$$\frac{f(t+\Delta t)-f(t)}{\Delta t}=\frac{2t\Delta t+\Delta t^2}{\Delta t}$$
$$=2t+\Delta t.$$

이제 $\Delta t \rightarrow 0$의 극한을 취하기가 쉬워졌다. 첫 항은 Δt와 상관없으므로 살아남지만 둘째 항은 0으로 가는 경향이 있어서 그냥 사라진다. 이것은 꼭 기억해 두어야 한다. 도함수를 계산할 때는 Δt의 높은 차수 항은 무시할 수 있다. 따라서 이렇게 다음과 같이 쓸 수 있다.

$$\lim_{\Delta t \rightarrow 0} \frac{f(t+\Delta t)-f(t)}{t}=2t.$$

이제 t^2의 도함수는 다음과 같다.

$$\frac{d(t^2)}{dt}=2t.$$

다음으로 일반적인 차수인 $f(t) = t^n$을 생각해 보자. 이 도함수를 구하기 위해서는 $f(t+\Delta t) = (t+\Delta t)^n$을 계산해야 한다. 여기서 고등학교 대수학이 쓸모가 있다. 이 결과는 이항 정리로 주어진다. 2개의 숫자 a와 b가 주어졌을 때, $(a+b)^n$을 계산하고자 한다. 이항 정리에 따르면

$$(a+b)^n = a^n + na^{n-1}b + \frac{n(n-1)}{2}a^{n-2}b^2 +$$

$$\frac{n(n-1)(n-2)}{3}a^{n-3}b^3 +$$

$$\cdots + b^n.$$

이 표현식은 얼마나 길게 계속될까? 만약 n이 정수라면 결국에는 $n+1$번째 항 다음에 끝난다. 하지만 이항 정리는 그보다 더 일반적이다. 사실 n은 어떤 실수나 복소수이어도 된다. 그러나 만약 n이 정수가 아니라면 이 표현식은 결코 중단되지 않는다. 즉 무한 수열이다. 다행히 우리의 목적을 위해서는 처음 두 항만 중요하다.

$(t+\Delta t)^n$을 계산하려면 그냥 $a = t$, $b = \Delta t$를 대입해 넣기만 하면 된다. 그 결과 다음과 같이 된다.

$$\begin{aligned} f(t+\Delta t) &= (t+\Delta t)^n \\ &= t^n + nt^{n-1}\Delta t + \cdots. \end{aligned}$$

점으로 표현한 모든 항들은 극한값이 0으로 줄어들기 때문에 무시하면 된다.

이제 $f(t)$(즉 t^n)를 빼면 다음과 같이 된다.

$$\begin{aligned} \Delta f &= f(t+\Delta t) - f(t) \\ &= t^n + nt^{n-1}\Delta t + \end{aligned}$$

$$\frac{n(n-1)}{2}t^{n-2}\Delta t^2 + \cdots - t^n$$

$$= nt^{n-1}\Delta t +$$

$$\frac{n(n-1)}{2}t^{n-2}\Delta t^2 + \cdots.$$

이제 Δt를 나누면

$$\frac{\Delta f}{\Delta t} = nt^{n-1} + \frac{n(n-1)}{2}t^{n-2}\Delta t + \cdots$$

이고 $\Delta t \to 0$인 극한을 취하면 된다. 그러면 도함수는 다음과 같다.

$$\frac{d(t^n)}{dt} = nt^{n-1}.$$

한 가지 중요한 점은 이 관계식이 n이 정수가 아니어도 성립한다는 것이다. n은 어떤 실수나 복소수이어도 된다.

몇몇 특별한 경우의 도함수를 살펴보자. $n = 0$이면 $f(t)$는 그냥 숫자 1이다. 그 도함수는 0이다. 이것은 변화하지 않는 어떤 함수에 대해서도 사실이다. $n = 1$이면 $f(t) = t$이고 그 도함수는 1이다. 이것은 무언가를 그 자신에 대해 도함수를 취할 때 항상 성립한다. 거듭 제곱에 대한 몇몇 도함수는 다음과 같다.

$$\frac{d(t^2)}{dt} = 2t$$
$$\frac{d(t^3)}{dt} = 3t^2$$
$$\frac{d(t^4)}{dt} = 4t^3$$
$$\frac{d(t^n)}{dt} = nt^{n-1}.$$

나중에 참고하기 위해 몇몇 다른 도함수를 소개한다.

$$\begin{aligned} \frac{d(\sin t)}{dt} &= \cos t \\ \frac{d(\cos t)}{dt} &= -\sin t \\ \frac{d(e^t)}{dt} &= e^t \\ \frac{d(\ln t)}{dt} &= \frac{1}{t}. \end{aligned} \tag{2}$$

식 (2)의 세 번째 공식 $\frac{d(e^t)}{dt} = e^t$에 대해 한 가지 언급할 점이 있다. t가 정수일 때 e^t의 의미는 아주 명확하다. 예를 들면 $e^3 = e \times e \times e$이다. 정수가 아닐 때는 그 의미가 명확하지 않다. 기본적으로, e^t은 그 도함수가 그 자신과 똑같다는 성질로 정의된다. 따라서 세 번째 공식은 e^t의 정의이다.

도함수에 대해 기억해 둘 만한 몇 가지 쓸모 있는 규칙들이 있다. 도전적으로 연습해 보고 싶다면 그 모두를 여러분도 증명해 볼 수 있을 것이다. 첫 번째는 상수의 도함수는 항상 0이라는 사실이다. 이것은 그럴 듯하다. 도함수는 변화율이고, 상수는 결코 변하지 않는다.

$$\frac{dc}{dt} = 0.$$

상수가 곱해진 함수의 도함수는 함수의 도함수와 상수의 곱이다.

$$\frac{d(cf)}{dt} = c\frac{df}{dt}.$$

두 함수 $f(t)$와 $g(t)$가 있다고 하자. 이들의 합 또한 하나의 함수이며 그 도함수는 다음과 같이 주어진다.

$$\frac{d(f+g)}{dt} = \frac{d(f)}{dt} + \frac{d(g)}{dt}.$$

이를 합의 규칙이라 부른다.

두 함수의 곱은 또 다른 함수이며 그 도함수는 다음과 같다.

$$\frac{d(fg)}{dt} = f(t)\frac{d(g)}{dt} + g(t)\frac{d(f)}{dt}.$$

당연하게도 이는 곱의 규칙이라 부른다.

다음으로 $g(t)$는 t의 함수이고 $f(g)$는 g의 함수라 하자. 이렇게 되면 f는 t의 음함수가 된다. 어떤 t에 대해 f가 얼마인지 알고자 한다면 먼저 $g(t)$를 계산해야 한다. g를 알고 난 뒤 $f(g)$를 계산하면 된다. f의 t에 대한 도함수는 쉽게 계산할 수 있다.

$$\frac{df}{dt} = \frac{df}{dg}\frac{dg}{dt}.$$

이것을 연쇄 규칙이라 부른다. 만약에 도함수가 정말로 비율이라면 이 결과는 명백히 사실이다. 이때 dg는 분자와 분모에서 상쇄될 것이기 때문이다. 사실 이는 어설픈 답이 맞는 그런 경우들 중 하나이다. 연쇄 규칙을 쓸 때 기억해야 할 중요한 점은 중간 단계 함수 $g(t)$를 개발해서 그것으로 $f(g)$를 만들어 $f(t)$를 간단히 하는 것이다. 예를 들어 만약

$$f(t) = \ln t^3$$

이라 하고 $\frac{df}{dt}$를 얻고자 한다면, 로그 속의 t^3이 문제가 될 수 있다. 그래서 중간 단계 함수 $g = t^3$을 만들면 $f(g) = \ln g$가 된다. 이제 연쇄 규칙을 적용할 수 있다.

$$\frac{df}{dt} = \frac{df}{dg}\frac{dg}{dt}.$$

미분법 공식을 이용하면 $\frac{df}{dg} = \frac{1}{g}$이고 $\frac{dg}{dt} = 3t^2$이므로 다음과 같이 쓸 수 있다.

$$\frac{df}{dt} = \frac{3t^2}{g}.$$

$g = t^3$을 대입하면 다음을 얻는다.

$$\frac{df}{dt} = \frac{3t^2}{t^3} = \frac{3}{t}.$$

연쇄 규칙은 이렇게 쓰인다.

이를 통해 많은 도함수를 계산할 수 있다. 미분을 위해 필요한 것은 기본적으로 이것이 전부다.

연습 문제 1: 다음 각 함수들의 도함수를 계산하라.

$f(t) = t^4 + 3t^3 - 12t^2 + t - 6$

$g(x) = \sin x - \cos x$

$\theta(\alpha) = e^\alpha + \alpha \ln \alpha$

$x(t) = \sin^2 t - \cos t$

연습 문제 2: 도함수의 도함수는 2차 도함수라 부르며 $\frac{d^2 f(t)}{dt^2}$이라 쓴다. 위 함수들 각각의 2차 도함수를 구하라.

연습 문제 3: 연쇄 규칙을 이용해 다음 각 함수들의 도함수를 구하라.

$$g(t) = \sin(t^2) - \cos(t^2)$$
$$\theta(\alpha) = e^{3\alpha} + 3\alpha \ln(3\alpha)$$
$$x(t) = \sin^2(t^2) - \cos(t^2)$$

연습 문제 4: 다음 규칙들을 증명하라.

합의 규칙(아주 쉽다.), 곱의 규칙(비법을 알면 쉽다.), 연쇄 규칙(아주 쉽다.)

연습 문제 5: 식 (2)의 각 공식을 증명하라. (힌트: 참고서에서 삼각법의 항등식과 극한의 성질을 조사해 보라.)

입자의 운동

점 입자는 이상적인 개념이다. 전자는 말할 것도 없고 그 어떤 물체도 점이라고 할 만큼 그리 작지는 않다. 하지만 많은 경우 우리는 물체의 확장된 구조를 무시하고 점으로 간주할 수 있다. 예를 들어 지구라는 행성은 분명히 점이 아니지만, 태양 주위의 궤도를 계산할 때는 높은 정밀도로 지구의 크기를 무시할 수 있다.

입자의 위치는 3개의 공간 좌푯값을 각각 부여하면 정해진다. 입자의 운동은 매 시간 그 위치로 정의된다. 수학적으로 3개의 공간 좌표를 t의 함수 $x(t)$, $y(t)$, $z(t)$로 주면 위치를 정할 수 있다.

위치는 시간 t에서 성분이 x, y, z인 벡터 $\vec{r}$로 생각할 수도 있다. 입자의 경로, 즉 궤적은 $\vec{r}(t)$로 정해진다. 고전 역학은 어떤 초기 조건과 동역학 법칙으로부터 $\vec{r}(t)$를 알아내는 것이다.

입자에 대해 위치 다음으로 중요한 것이 속도이다. 속도 또한 벡터이다. 속도를 정의하려면 약간의 계산이 필요하다. 이렇게 한다.

시간 t와 약간 뒤의 시간 $(t + \Delta t)$ 사이의 입자의 변위를 생각해 보자. 그 시간 간격 동안 입자는 $x(t)$, $y(t)$, $z(t)$에서 $x(t + \Delta t)$, $y(t + \Delta t)$, $z(t + \Delta t)$, 또는 벡터 표기법으로는 $\vec{r}(t)$에서 $\vec{r}(t + \Delta t)$로 움직인다. 그 변위는 다음과 같이 정의된다.

$$\begin{aligned} \Delta x &= x(t + \Delta t) - x(t) \\ \Delta y &= y(t + \Delta t) - y(t) \\ \Delta z &= z(t + \Delta t) - z(t). \end{aligned}$$

또는 다음과 같이 쓴다.

$$\Delta \vec{r} = \vec{r}(t + \Delta t) - \vec{r}(t).$$

이 변위는 입자가 짧은 시간 Δt 동안 움직인 작은 거리이다. 속도를 얻기 위해서는 이 변위를 Δt로 나누고 Δt가 0으로 줄어드는 극한을 취하면 된다.

$$v_x = \lim_{\Delta t \to 0} \frac{\Delta x}{\Delta t}.$$

이것은 물론 t에 대한 x의 도함수의 정의이다.

$$v_x = \frac{dx}{dt} = \dot{x}$$
$$v_y = \frac{dy}{dt} = \dot{y}$$
$$v_z = \frac{dz}{dt} = \dot{z}.$$

어떤 양 위의 점은 시간 도함수를 취한다는 표준적인 약식 표기법이다. 이 표기법은 단지 입자의 위치뿐만 아니라 어떤 양에 대해서든 시간 도함수를 나타내기 위해 쓸 수 있다. 예를 들어 만약 T가 뜨거운 물이 담긴 욕조의 온도를 나타낸다면 $\dot{T}$은 온도의 시간에 따른 변화율을 나타낸다. 이 표기법은 반복해서 사용할 것이므로 익숙해져야만 한다.

x, y, z를 계속 쓰는 것은 귀찮기 때문에 종종 압축된 표기법을 쓸 것이다. 3개의 좌표 x, y, z는 뭉쳐서 x_i로, 속도 성분은 v_i로 나타낸다.

$$v_i = \frac{dx_i}{dt} = \dot{x}_i.$$

여기서 i는 x, y, z의 값을 가진다. 벡터 표기법으로 쓰면 다음과 같다.

$$\vec{v} = \frac{d\vec{r}}{dt} = \dot{\vec{r}}.$$

속도 벡터의 크기 $|\vec{v}|$는 다음과 같다.

$$|\vec{v}|^2 = v_x^2 + v_y^2 + v_z^2.$$

이것은 방향에 상관없이 입자가 얼마나 빨리 움직이는지를 나타낸다. 속도의 크기 $|\vec{v}|$를 속력(speed)이라 부른다.

가속도는 속도가 어떻게 변하고 있는지를 말해 주는 양이다. 어떤 물체가 일정한 속도로 움직이고 있다면 가속도를 느끼지 못한다. 일정한 속도란 일정한 속력뿐만 아니라 일정한 방향까지도 의미한다. 속도의 크기나 방향이 변할 때만 가속도를 느낀다. 사실 가속도는 속도의 시간에 대한 도함수와 같다.

$$a_i = \frac{dv_i}{dt} = \dot{v}_i.$$

또는 벡터 표기법으로 다음과 같다.

$$\vec{a} = \dot{\vec{v}}$$

v_i는 x_i의 시간 도함수이고 a_i는 v_i의 시간 도함수이므로 가속도는 x_i에 대한 2차 시간 도함수이다.

$$a_i = \frac{d^2 x_i}{dt^2} = \ddot{x}_i.$$

여기서 두 점은 2차 시간 도함수를 뜻하는 표기법이다.

운동의 예

입자가 $t = 0$일 때 다음 방정식에 따라 운동을 시작했다고 하자.

$$x(t) = 0$$
$$y(t) = 0$$
$$z(t) = z(0) + v(0)t - \frac{1}{2}gt^2.$$

이 입자는 x, y 방향으로는 분명히 움직이지 않고 z 축을 따라서 움직인다. 상수 $z(0)$와 $v(0)$는 $t = 0$일 때 z 방향을 따라가는 위치와 속도의 초기 값을 나타낸다. g는 상수라고 가정하자.

시간에 대해 미분을 해서 속도를 계산해 보자.

$$v_x(t) = 0$$
$$v_y(t) = 0$$
$$v_z(t) = v(0) - gt.$$

속도의 x와 y 성분은 언제나 0이다. 속도의 z 성분은 $t = 0$일 때 $v(0)$의 값에서 시작한다. 즉 $v(0)$는 속도의 초기 조건이다.

시간이 지남에 따라 $-gt$ 항은 0이 아니게 된다. 결국에는 이 항이 속도의 초기 값을 따라잡을 것이고 입자는 $-z$ 방향으로 움직이고 있을 것이다.

이제 시간에 대해 다시 미분해서 가속도를 계산해 보자.

$$a_x(t) = 0$$
$$a_y(t) = 0$$
$$a_z(t) = -g.$$

z 축 방향의 가속도는 상수이고 음수이다. 만약 z 축이 높이를 나타낸다면 이 입자는 낙하하는 물체와 똑같은 방식으로 아래쪽으로 가속될 것이다.

다음으로 x 축을 따라 앞뒤로 움직이며 진동하는 입자를 생각해 보자. 다른 두 방향으로는 운동이 없으므로 무시할 것이다. 단순한 진동 운동은 삼각 함수를 이용한다.

$$x(t) = \sin \omega t.$$

여기서 그리스 문자 ω(오메가)는 상수이다. ω가 클수록 더 급속으로 진동한다. 이런 종류의 운동을 단순 조화 운동(simple harmonic motion)이라고 부른다. (그림 1을 보라.)

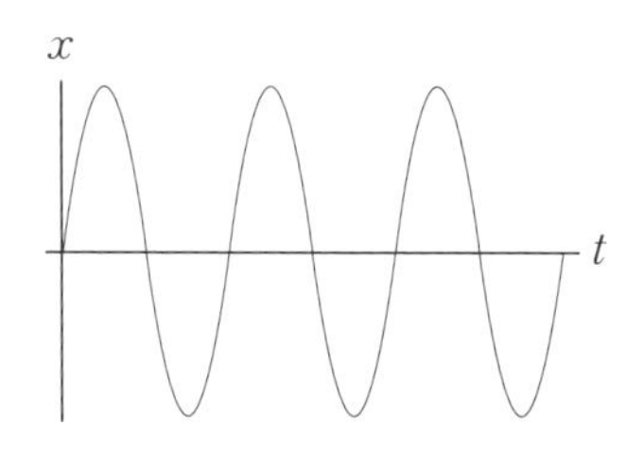

그림 1 단순 조화 운동.

속도와 가속도를 계산해 보자. 이를 위해서는 $x(t)$를 시간에 대해 미분하면 된다. 시간에 대한 1차 미분의 결과는 다음과 같다.

$$v_x = \frac{d}{dt} \sin \omega t.$$

곱에 대한 사인 함수가 있다. 이 곱을 $b = \omega t$로 이름을 바꿀 수 있다.

$$v_x = \frac{d}{dt} \sin b.$$

연쇄 규칙을 이용하면

$$v_x = \frac{d}{db}\sin b\,\frac{db}{dt}.$$

즉

$$v_x = \cos b\frac{d}{dt}(\omega t).$$

따라서 다음과 같이 쓸 수 있다.

$$v_x = \omega\cos\omega t.$$

비슷한 방법으로 가속도를 구할 수 있다.

$$a_x = -\omega^2\sin\omega t.$$

무언가 주목할 만한 점이 있다. 위치 x가 최댓값이나 최솟값일 때마다 그 속도는 0이다. 그 반대도 또한 사실이다. 위치가 $x = 0$일 때 속도는 최대이거나 최소이다. 이를 두고 위치와 속도가 90도 위상차가 난다고 말한다. $x(t)$를 나타내는 그림 2와 $v(t)$를 나타내는 그림 3에서 이를 확인할 수 있다.

위치와 가속도 또한 서로 연결되어 있다. 둘 다 $\sin\omega t$에 비례한다. 하지만 가속도의 음의 부호에 유의하라. 이 음의 부호는 x가 양수(음수)일 때마다 가속도는 음수(양수)라는 것을 말해 준다. 즉 입자가 어디에 있든 원점 방향으로 되돌아가게끔 가속되고 있다. 기술적으로 말하자면 위치와 가속도는 180도 위상차가 난다.

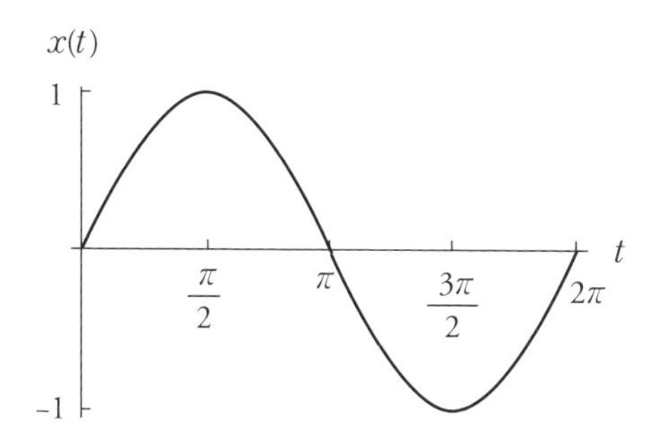

그림 2 $x(t)$는 위치를 나타낸다.

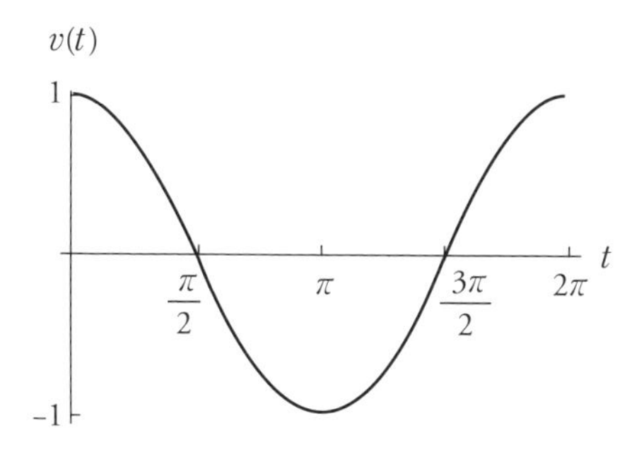

그림 3 $v(t)$는 속도를 나타낸다.

연습 문제 6: 진동하는 입자가 완전한 한 주기 운동을 끝낼 때까지 얼마나 걸리는가?

다음으로 원점을 중심으로 해서 균일한 원 운동으로 움직이는 입자를 생각해 보자. 이는 입자가 일정한 속력으로 원을 따라 움직이고 있다는 것을 뜻한다. 우리의 목적을 위해서는 z 축은 무시하고 xy 평면에서의 운동만 생각하면 된다. 이를 기술하려면 두 함수 $x(t)$와 $y(t)$가 있어야 한다. 구체적으로 입자가 반시계 방향으로 운동하는 경우를 생각한다. 그 궤도의 반지름을 R라 하자.

이 운동은 두 축에 투사시켜 시각화하면 도움이 된다. 입자가 원점 주위로 돌아가면 x는 $x = -R$와 $x = R$ 사이를 진동한다. y 좌표에 대해서도 마찬가지이다. 하지만 두 좌표는 90도 위상차가 난다. x가 최대이면 y는 0이고, 그 반대도 마찬가지이다.

원점을 중심으로 한 가장 일반적인(반시계 방향) 균일한 원 운동의 수학적 형태는 다음과 같다.

$$x(t) = R\cos\omega t$$
$$y(t) = R\sin\omega t.$$

여기서 ω는 각진동수(angular frequency)라 부른다. 각진동수는 단위 시간당 각이 진행하는 라디안 수로 정의된다. 또한 한 번의 완전한 회전을 하는 데 얼마나 걸리는가, 즉 주기와도 관계가 있다. 연습 문제 6에서 본 바와 똑같다.

$$T = \frac{2\pi}{\omega}.$$

이제 미분으로 속도와 가속도를 계산하는 것은 쉽다.

$$
\begin{aligned}
v_x &= -R\,\omega \sin \omega t \\
v_y &= R\,\omega \cos \omega t \\
a_x &= -R\,\omega^2 \cos \omega t \\
a_y &= -R\,\omega^2 \sin \omega t.
\end{aligned}
\tag{3}
$$

이를 보면 뉴턴이 달의 운동을 분석할 때 이용했던 원 운동의 재미있는 성질이 드러난다. 원 궤도의 가속도는 위치 벡터와 평행하지만 방향은 반대이다. 즉 가속도 벡터는 원점을 향해 방사상으로 안쪽을 가리킨다.

연습 문제 7: 이 운동의 위치 벡터와 속도 벡터가 수직이라는 것을 보여라.

연습 문제 8: 다음의 각 위치 벡터에 대해 속도, 속력, 가속도를 계산하라. 그래프를 그리는 소프트웨어가 있으면 각각의 위치 벡터, 속도 벡터, 가속도 벡터를 그려라.

$$\vec{r} = (\cos \omega t, e^{\omega t})$$
$$\vec{r} = (\cos(\omega t - \phi), \sin(\omega t - \phi))$$
$$\vec{r} = (c \cos^3 t, c \sin^3 t)$$
$$\vec{r} = (c(t - \sin t), c(1 - \cos t))$$

막간 2 ✺ 적분법

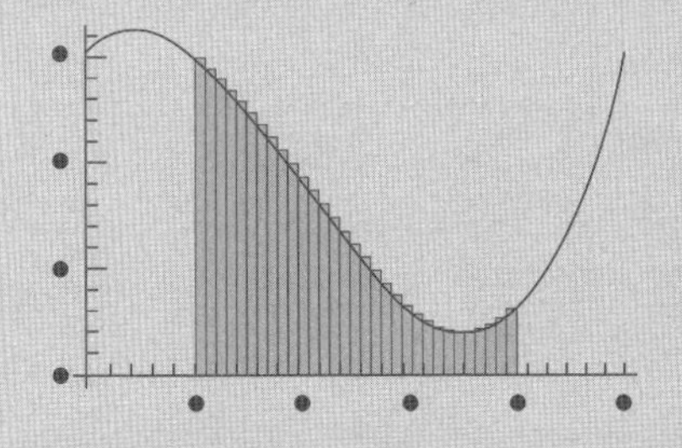

"조지, 난 무언가를 거꾸로 하는 걸 정말 좋아한다네.

미분을 거꾸로 계산할 수 있을까?"

"물론이지, 레니. 그걸 적분이라 부른다네."

적분법

미분법은 변화율과 관계가 있다. 적분법은 수많은 미세한 증가량의 합과 관계가 있다. 이들이 서로 어떤 관계가 있다는 것이 즉각적으로 분명해 보이지는 않지만, 분명 관계가 있다.

그림 1과 같은 함수 $f(x)$의 그래프부터 시작해 보자.

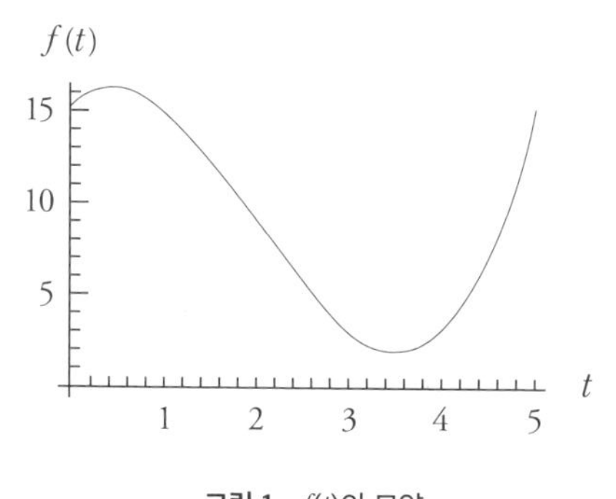

그림 1 $f(t)$의 모양.

적분법의 핵심적인 문제는 $f(t)$로 정의된 곡선 아래의 넓이를 계산하는 것이다. 문제를 잘 정의하기 위해 적분의 한도라 부르는 두 값 $t = a$와 $t = b$ 사이의 함수를 생각해 보자. 우리가 계산하려는 넓이는 그림 1의 빗금 친 부분의 넓이이다.

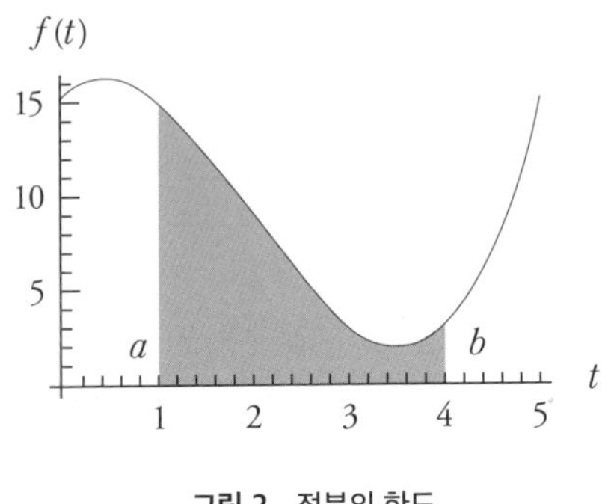

그림 2 적분의 한도.

이를 위해 그 영역을 아주 가느다란 직사각형으로 쪼개서 그 넓이를 더하면 된다. (그림 3을 보라.)

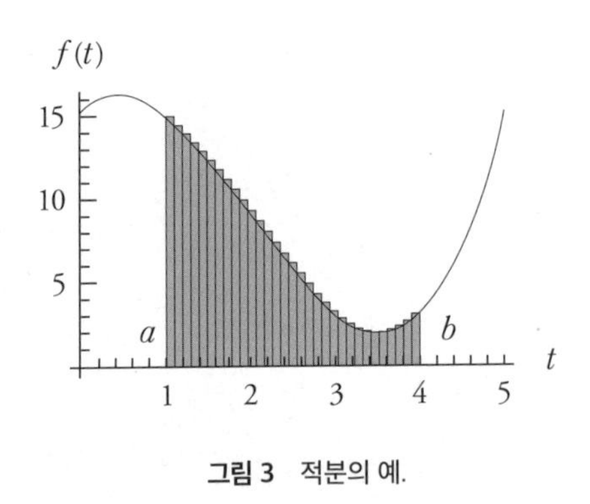

그림 3 적분의 예.

물론 이는 근사적이다. 하지만 직사각형의 폭을 0으로 보내면 정확해진다. 이 과정을 수행하기 위해 우선 $t = a$와 $t = b$ 사이의 간격을 N개의 부분 구간으로 나눈다. 각 구간의 폭은 Δt이다. 특정한 t 값에 위치한 직사각형을 생각해 보자. 그 폭은 Δt이고 그 높이는 $f(t)$의 그 지점에서의 값이다. 따라서 직사각형 하나의 넓이 δA는 다음과 같다.

$$\delta A = f(t)\Delta t.$$

이제 각각의 직사각형 넓이를 모두 더하면 우리가 구하려고 하는 넓이의 근삿값을 얻는다. 그 근삿값은 다음과 같다.

$$A = \sum_{i}^{N} f(t_i)\Delta t.$$

여기서 그리스 문자 $\sum$(시그마)는 i로 정의된 일련의 값을 더하라는 뜻이다. 따라서 만약 $N = 3$이면 이렇게 된다.

$$\begin{aligned} A &= \sum_{i}^{3} f(t_i)\Delta t \\ &= f(t_1)\Delta t + f(t_2)\Delta t + f(t_3)\Delta t. \end{aligned}$$

여기서 t_i는 t 축을 따라 있는 i번째 직사각형의 위치이다.

정확한 답을 얻으려면 Δt가 0으로 줄어들고 직사각형의 수가 무한대로 증가하는 극한을 취해야 한다. 한도 $t = a$와 $t = b$ 사이의 $f(t)$의 정적분은 그렇게 정의되며, 다음과 같이 쓴다.

$$A = \int_a^b f(t)dt = \lim_{\Delta t \to 0} \sum_i f(t_i)\Delta t.$$

숨마(summa)라 불리는 적분 기호 $\int$가 덧셈 기호를 대체했고, 미분법에서 그랬듯이 Δt는 dt로 바뀌었다. 함수 $f(t)$는 피적분 함수라 부른다.

표기법을 바꾸어서 적분의 한도 중 하나를 T라 하자. 특별히 b를 T로 바꾸어 다음과 같은 적분을 생각해 보자.

$$\int_a^T f(t)dt.$$

여기서 우리는 T를 t의 특정한 값 대신 하나의 변수로 생각하려고 한다. 이 경우 이 적분은 T의 함수를 하나 정의하는 셈이다. T는 임의의 t 값을 가질 수 있다. 이 적분은 각각의 T 값에 대해 특정한 값을 가지므로 T의 함수이다.

$$F(T) = \int_a^T f(t)dt. \qquad (1)$$

따라서 주어진 함수 $f(t)$에 대해 두 번째 함수 $F(T)$가 정의된다. 물론 우리는 a가 변하게 할 수도 있지만 그러지 않을 것이다. 함수 $F(T)$는 $f(t)$의 부정적분이라 부른다. 부정(不定, indefinite)인 이유는 고정된 값에서 고정된 값까지 적분하는 대신 변수까지 적분하기 때문이다. 대개는 그런 적분을 적분의 한도 없이 쓴다.

$$F(t) = \int f(t)dt.$$

미적분의 기본 정리(fundamental theorem of calculus)는 수학에서 가장 단순하면서도 가장 아름다운 결과 중 하나이다. 이 정리는 적분과 미분 사이에 깊은 관계가 있다고 단언한다. 이 정리가 말하는 바는 $F(t) = \int f(t)dt$ 일 때 다음과 같다.

$$f(t) = \frac{dF(t)}{dt}.$$

이를 확인하기 위해, T에서 $T + \Delta t$까지 T의 작은 증가분을 생각해 보자. 그러면 새로운 적분이 생긴다.

$$F(T + \Delta t) = \int_a^{T+\Delta t} f(t)dt.$$

달리 말해 그림 3의 빗금 친 부분의 넓이에 $t = T$에서 폭이 Δt인 직사각형을 하나 더 더한 셈이다. 사실 $F(T + \Delta t) - F(T)$의 차이는 바로 그 추가적인 직사각형의 넓이이며, 그 값은 마침 $f(T)\Delta t$이다. 따라서

$$F(T + \Delta t) - F(T) = f(T)\Delta t$$

이고, Δt로 나누면

$$\frac{F(T+\Delta t)-F(T)}{\Delta t}=f(T)$$

이고, $\Delta t \to 0$인 극한을 취하면 F와 f를 연결하는 기본 정리를 얻는다.

$$\frac{dF}{dT}=\lim_{\Delta t \to 0}\frac{F(T+\Delta t)-F(T)}{\Delta t}=f(T).$$

우리는 t와 T 사이의 차이를 무시하고 표기법을 단순화시킬 수 있다.

$$\frac{dF}{dt}=f(t).$$

즉 적분과 미분의 과정은 역관계이다. 적분의 도함수는 원래의 피적분 함수이다. $F(t)$의 도함수가 $f(t)$인 것을 알고서 $F(t)$를 완전히 결정할 수 있을까? 거의 정할 수는 있지만 완전히 정할 수는 없다. 문제는 $F(t)$에 상수를 더해도 그 도함수를 바꾸지 않는다는 점이다. 주어진 $f(t)$에 대해 그 부정적분은 명확하진 않지만, 겨우 상수 차이만큼만 날 뿐이다.

기본 정리를 어떻게 이용하는지 알아보기 위해 몇몇 부정적분을 계산해 보자. 거듭 제곱 함수 $f(t)=t^n$의 적분을 구해 보자. 다음 적분을 생각해 보자.

$$F(t) = \int f(t)dt.$$

기본 정리에 따라 다음과 같이 쓸 수 있다.

$$f(t) = \frac{dF(t)}{dt}.$$

즉

$$t^n = \frac{dF(t)}{dt}.$$

우리는 그저 도함수가 t^n인 함수 F를 찾기만 하면 된다. 이것은 쉽다.

지난 장에서 우리는 임의의 m에 대해

$$\frac{d(t^m)}{dt} = mt^{m-1}$$

이라는 것을 알았다. $m = n + 1$을 대입하면 이 결과는

$$\frac{d(t^{n+1})}{dt} = (n + 1)t^n$$

이고, $n + 1$로 나누면 다음과 같이 된다.

$$\frac{d(t^{n+1}/ n+1)}{dt} = t^{n}.$$

따라서 t^n은 $\frac{t^{n+1}}{n+1}$의 도함수라는 것을 알았다. 적절한 값들을 대입하면

$$F(t) = \int t^{n} dt = \frac{t^{n+1}}{n+1}$$

을 얻는다. 한 가지 유일하게 빠뜨린 것이 F에 더해질 수 있는 미정(未定)의 상수이다. 그래서 다음과 같이 써야 한다.

$$\int t^{n} dt = \frac{t^{n+1}}{n+1} + c.$$

여기서 c는 상수로서 다른 방법으로 정해져야 한다.

미정의 상수는 우리가 앞에서 a라 불렀던 적분의 다른 끝점을 고르는 것과 밀접한 관련이 있다. a가 어떻게 미정의 상수 c를 정하는지 알아보기 위해 다음 적분

$$\int_{a}^{T} f(t) dt$$

에서 두 한도가 서로 가까워지는, 즉 $T = a$인 극한을 생각해 보자. 이 경우 적분은 0이어야만 한다. 이 사실을 이용하면 c를 정할 수 있다.

일반적으로 미적분의 기본 정리는 다음과 같이 쓴다.

$$\int_a^b f(t)dt = F(t)\Big|_a^b = F(b) - F(a). \tag{2}$$

기본 정리를 표현하는 또 다른 방법은 하나의 식으로 이렇게 쓴다.

$$\int \frac{df}{dt}dt = f(t) + c. \tag{3}$$

다른 말로 하자면, 도함수를 적분하면 원래 함수(통상적인 미정 상수의 한도 안에서)로 돌아간다. 적분과 미분은 서로가 각각의 역연산이다.

여기 몇몇 적분 공식들이 있다.

$$\int cdt = ct + c'$$

$$\int ct(t)dt = c\int f(t)dt$$

$$\int tdt = \frac{t^2}{2} + c$$

$$\int t^2 dt = \frac{t^3}{3} + c$$

$$\int t^n dt = \frac{t^{n+1}}{n+1} + c$$

$$\int \sin tdt = -\cos t + c$$

$$\int \cos t dt = \sin t + c$$

$$\int e^t dt = e^t + c$$

$$\int \frac{dt}{t} = \ln t + c$$

$$\int [f(t) \pm g(t)] dt = \int f(t) dt \pm \int g(t) dt.$$

연습 문제 1: 미분 과정을 뒤집고 상수를 더해서 다음 각 함수들의 부정 적분을 구하라.

$f(t) = t^4$
$f(t) = \cos t$
$f(t) = t^2 - 2$

연습 문제 2: 미적분의 기본 정리를 이용해 연습 문제 1의 각 적분을 적분의 한도 $t = 0$에서 $t = T$까지 계산하라.

연습 문제 3: 연습 문제 1의 각 함수를 어떤 입자의 가속도로 간주한다. 시간에 대해 한 번 적분해서 속도를 구하고, 두 번 적분해서 궤적을 구하라. t를 적분의 한도 중 하나로 쓸 것이므로 t'을 적분 변수로 도입한다. $t' = 0$에서 $t' = t$까지 다음을 적분하라.

$$v(t) = \int_0^t t'^4 dt'$$

$$v(t) = \int_0^t \cos t' dt'$$

$$v(t) = \int_0^t (t'^2 - 2) dt'$$

부분 적분

적분을 할 때 몇몇 기법이 있다. 한 가지 방법은 적분표를 찾아보는 것이다. 또 다른 방법은 매스매티카 사용법을 배우는 것이다. 만약 여러분이 혼자서 해결해야 하고 알지 못하는 적분을 만났다면 교과서에 나오는 가장 오래된 해결법은 부분 적분이다. 이것은 단지 곱의 미분법을 거꾸로 이용하는 것이다. 2강에서 두 함수의 곱인 함수를 미분하기 위해 다음의 규칙을 이용했다.

$$\frac{d[f(x)g(x)]}{dx} = f(x)\frac{dg(x)}{dx} + g(x)\frac{df(x)}{dx}.$$

이제 이 식의 양변을 a에서 b까지 적분해 보자.

$$\int_a^b \frac{d[f(x)g(x)]}{dx} dx = \int_a^b f(x)\frac{dg(x)}{dx} dx + \int_a^b g(x)\frac{df(x)}{dx} dx.$$

위 식의 좌변은 쉽다. 도함수(fg의 도함수)의 적분은 그냥 그 함수 자체이다. 좌변은 다음과 같다.

$$f(b)g(b) - f(a)g(a).$$

종종 다음과 같이

$$f(x)g(x)\Big|_a^b$$

의 형태로 쓴다. 이제 우변의 두 적분 중 하나를 빼서 좌변으로 넘긴다.

$$f(x)g(x)\Big|_a^b - \int_a^b f(x)\frac{dg(x)}{dx}dx = \int_a^b g(x)\frac{df(x)}{dx}dx. \quad (4)$$

우리가 잘 모르는 적분이 있는데, 마침 피적분 함수가 함수 $f(x)$와 다른 함수 $g(x)$의 도함수의 곱이라는 사실을 알았다고 해 보자. 즉 약간 살펴보았더니 적분이 식 (4)의 우변과 같은 형태임을 안 것이다. 하지만 어떻게 계산하는지는 모른다. 가끔은 운 좋게도 식 좌변의 적분을 알아채기도 한다.

예를 들어 보자. 우리가 계산하려는 적분이 다음과 같다.

$$\int_0^{\frac{\pi}{2}} x \cos x dx.$$

이것은 우리 적분 목록에 없다. 하지만

$$\cos x = \frac{d \sin x}{dx}$$

인 것을 아니까 이 적분은 다음과 같이 된다.

$$\int_0^{\frac{\pi}{2}} x \frac{d \sin x}{dx} dx.$$

식 (4)에 따르면 이 적분은 다음과 같다.

$$x \sin x \,|_0^{\frac{\pi}{2}} - \int_0^{\frac{\pi}{2}} \frac{dx}{dx} \sin xdx.$$

즉

$$\frac{\pi}{2} \sin \frac{\pi}{2} - \int_0^{\frac{\pi}{2}} \sin xdx.$$

이제는 쉽다. $\int \sin xdx$는 우리 목록에 있는 적분으로서 그냥 $-\cos x$이다. 나머지 계산은 여러분에게 남겨 둔다.

연습 문제 4: 계산을 마무리하라.

$$\int_0^{\frac{\pi}{2}} x \cos xdx$$

이 방법이 얼마나 자주 쓰이는지 알면 놀랄 것이다. 매우 자주 쓰인다. 하지만 항상 그런 것은 분명 아니다. 행운을 빈다.

3강

동역학

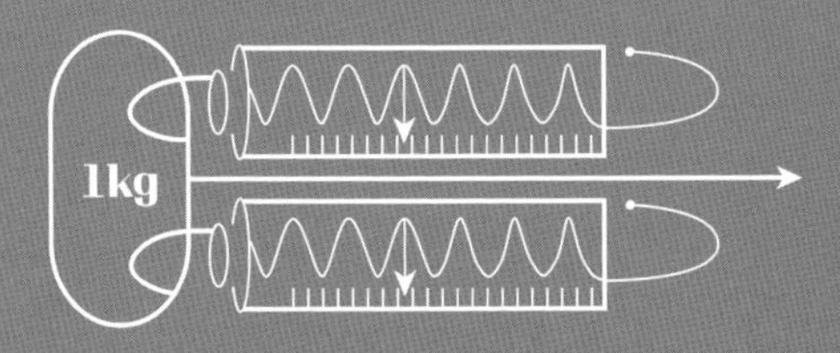

레니: "물체가 왜 움직이지, 조지?"

조지: "힘 때문이지, 레니."

레니: "물체는 왜 운동을 멈추지, 조지?"

조지: "힘 때문이지, 레니."

아리스토텔레스의 운동 법칙

아리스토텔레스는 마찰력이 주도적인 세상에 살았다. 무엇이든 움직이게 하려면(예를 들어 나무 바퀴가 달린 무거운 수레.) 그것을 밀어야 하고, 거기에 힘을 작용해야만 한다. 더 세게 밀수록 더 빨리 움직인다. 미는 것을 멈추면 수레는 아주 빨리 멈추어 선다. 아리스토텔레스는 마찰이 힘이라는 사실을 이해하지 못했기 때문에 무언가 잘못된 결론에 도달했다. 하지만 여전히 그의 생각을 현대적인 언어로 살펴볼 만한 가치는 있다. 만약 아리스토텔레스가 미적분을 알았다면 다음과 같은 운동 법칙을 제시했을 것이다.

임의의 물체의 속도는 작용한 힘의 총합에 비례한다.

아리스토텔레스가 벡터 방정식을 어떻게 쓰는지 알았다면 그의 법칙은 다음과 같았을 것이다.

$$\vec{F} = m\vec{v}.$$

$\vec{F}$ 는 물론 작용한 힘이고 그에 대한 반응은 (아리스토텔레스에 따

르면) 속도 벡터 $\vec{v}$ 이다. 이 둘을 연결하는 m이라는 인수는 물체를 움직이고자 할 때의 저항을 기술하는 어떤 특징적인 양이다. 주어진 힘에 대해 물체의 m이 클수록 그 속도는 작아진다. 노 철학자는 잠깐 숙고한 끝에 m을 그 물체의 질량과 같다고 여겼다. 더 무거운 물체는 더 가벼운 물체보다 움직이기가 더 어렵다는 것이 명확했으므로 어떻게든 물체의 질량이 방정식에 들어가야만 했다.

아리스토텔레스는 아마도 얼음 위에서 스케이트를 타러 한 번도 가지 않았을 것이라는 의심이 든다. 만약 그랬다면 물체를 멈추는 것이 물체를 움직이는 것만큼이나 똑같이 어렵다는 것을 알았을 것이다. 아리스토텔레스의 법칙은 그저 단순히 틀렸을 뿐이지만, 그럼에도 불구하고 운동 방정식이 어떻게 계의 미래를 결정할 수 있는지에 대한 예로서 연구해 볼 가치는 있다. 이제부터는 그 물체를 입자라고 하자.

주어진 힘의 영향을 받고 x 축을 따라 1차원 운동을 하는 한 입자를 생각해 보자. 힘이 주어졌다는 말은 임의의 시간에 그 힘이 무엇인지 우리가 안다는 뜻이다. 그 힘을 $F(t)$라 부르자. (1차원에서는 벡터 표기법이 약간 거추장스럽다.) 속도가 위치 x의 시간 미분이라는 사실을 이용하면 아리스토텔레스의 방정식은 다음과 같다.

$$\frac{dx(t)}{dt} = \frac{F(t)}{m}.$$

이 방정식을 풀기 전에 1강의 결정론적 법칙과 비교해 보자. 한 가지 분명한 차이점은 아리스토텔레스의 방정식이 스트로보 사진 같지는 않다는 점이다. 즉 t나 x 어느 것도 불연속적이지 않다. 스트로보 사진이 급작스럽게 넘어가는 것처럼 변화하지 않고 연속적으로 변화한다. 그럼에도 불구하고 시간이 Δt의 간격으로 쪼개져 있다고 가정하고 미분을 $\frac{\Delta x}{\Delta t}$로 바꾸면 비슷한 점을 찾을 수 있다. 그렇게 하면 다음과 같이 쓸 수 있다.

$$x(t+\Delta t) = x(t) + \Delta t \frac{F(t)}{m}.$$

달리 말해 시간 t에 입자가 어디에 있든지 간에 그 다음 순간 입자의 위치는 명확한 양만큼 이동했을 것이다. 예를 들어 만약 힘이 상수이고 양수이면 매 시간 증가분마다 그 입자는 $\Delta t \frac{F(t)}{m}$의 양만큼 앞으로 움직인다. 이 법칙은 분명히 결정론적이다. 입자가 $t = 0$일 때 $x(0)$의 위치에 있었다는 것을 안다면 미래에 이 입자가 어디에 있을지 쉽게 예측할 수 있다. 따라서 1강의 기준에 의하면 아리스토텔레스는 어떤 잘못도 범하지 않았다.

정확한 운동 방정식으로 다시 돌아가 보자.

$$\frac{dx(t)}{dt} = \frac{F(t)}{m}.$$

미분을 수반하는 미지의 함수에 대한 방정식을 미분 방정식이라고 부른다. 이 방정식은 1차 도함수만 포함하고 있으므로 1차 미분 방정식이다. 이런 방정식은 풀기 쉽다. 방법은 방정식의 양변을 적분하는 것이다.

$$\int \frac{dx(t)}{dt} dt = \int \frac{F(t)}{m} dt.$$

방정식의 좌변은 도함수의 적분이다. 여기서는 미적분의 기본 정리가 도움이 된다. 좌변은 그냥 $x(t) + c$이다.

한편 우변은 어떤 특정한 함수의 적분이다. 상수 차의 범위 안에서 이 또한 결정된다. 예를 들어 만약 F가 상수이면 우변은

$$\int \frac{F}{m} dt = \frac{F}{m} t + c.$$

부가적인 상수를 포함하고 있음에 유의하라. 방정식의 양변에 임의의 상수를 더하는 것은 큰 의미가 없다. 이 경우 운동 방정식을 만족하는 풀이는 다음과 같다.

$$x(t) = \frac{F}{m} t + c.$$

상수 c는 어떻게 정할까? 답은 초기 조건이다. 예를 들어 이 입자가 시간 $t = 3$일 때 $x = 1$에서 출발했다는 것을 안다면 이 값들을 대입해서

$$1 = \frac{F}{m} \times 3 + c$$

가 된다. 이것을 다시 c에 대해서 풀면 다음과 같이 된다.

$$c = 1 - \frac{3F}{m}.$$

연습 문제 1: 주어진 힘이 $F = 2t^2$으로 시간에 따라 변하고, 초기 조건은 $t = 0$일 때 $x(0) = \pi$이다. 아리스토텔레스의 법칙을 이용해서 임의의 시간에서의 $x(t)$를 구해라.

아리스토텔레스의 운동 방정식은 결정론적이다. 그런데, 가역적일까? 1강에서 나는 가역적이라는 뜻이 모든 화살표를 뒤집었을 때 그로 야기되는 새로운 운동 법칙이 또한 결정론적이라고 설명했다. 시간이 연속적일 때 화살표를 뒤집는 것과 유사한 과정은 아주 간단하다. 방정식에서 시간을 마주칠 때마다 부호를 음으로 바꾸면 된다. 그렇게 되면 미래와 과거가 뒤바뀌는 효과가 있다. t를 $-t$로 바꾸면 작은 시간차의 부호도 바뀐다. 달리 말해 모든 Δt를 $-\Delta t$로 바꾸어야만 한다. 사실 미분 요소인 dt 단계에서 곧바로 이렇게 해도 된다. 화살표를 바꾸는 것은 미분 요소 dt를 $-dt$로 바꾼다는 것을 뜻한다. 아리스토텔레스의 방정식으로 돌아가

$$F(t) = m\frac{dx}{dt}$$

에서 시간의 부호를 바꾸어 보자. 그 결과는 이렇다.

$$F(-t) = -m\frac{dx}{dt}.$$

방정식의 좌변은 시간 t가 아니라 $-t$에서 측정한 힘이다. 하지만 $F(t)$가 아는 함수라면 $F(-t)$도 아는 함수이다. 시간이 역전된 문제에서도 힘은 역전된 시간에 대해 여전히 알려진 함수이다.

방정식의 우변에서 우리는 dt를 $-dt$로 대체해 전체 방정식의 부호를 바꾸었다. 사실 음의 부호를 방정식의 좌변으로 옮길 수도 있다.

$$-F(-t) = m\frac{dx}{dt}.$$

이것이 암시하는 바는 간단하다. 시간 역전된 방정식은 원래 방정식과 정확하게 똑같다. 다만 시간의 함수로서의 힘에 대한 규칙만 다를 뿐이다. 그 결과는 명확하다. 아리스토텔레스의 운동 방정식이 미래로 결정론적이라면 과거로도 또한 결정론적이다. 아리스토텔레스 방정식의 문제는 그것이 일관되지 못하다는 게 아니라 단지 잘못된 방정식이라는 것이다.

흥미롭게도 아리스토텔레스의 방정식은 써먹을 데가 있다.

근본적인 수준에서가 아니라 근사로서지만 말이다. 마찰력이라는 것이 있는데 많은 경우 아주 중요해서 아리스토텔레스의 직관(밀기를 멈추면 물체도 멈춘다.)은 거의 정확하다. 마찰력은 근본적인 힘이 아니다. 물체가 수없이 많은 다른 미세한 물체들(원자와 분자)과 상호 작용한 결과이다. 이 미세한 물체들은 너무나 작은데다 너무나 많아서 일일이 추적할 수가 없다. 그래서 모든 숨겨진 자유도에 대해 평균을 낸다. 그 결과가 마찰력이다. 진흙탕 속을 움직이는 돌의 경우에서처럼 마찰력이 아주 강할 때는 아리스토텔레스의 방정식이 아주 훌륭한 근사이다. 하지만 한 가지 단서가 있다. 힘과 속도 사이의 비례 정도를 결정하는 것은 질량이 아니라 이른바 점성 저항 계수이다. 아마도 여러분은 여기까지 알고 싶지는 않을 것이다.

질량, 가속도, 힘

아리스토텔레스의 실수는 물체를 계속 움직이기 위해 '적용된' 모든 힘의 총합이 0이 아닐 필요가 있다고 생각한 것이다. 올바른 생각은 하나의 힘(적용된 힘)이 다른 힘(마찰력)을 극복하기 위해 필요할 뿐이다. 어떤 힘도 작용하지 않아 자유롭게 움직일 수 있는 공간 속에 고립된 물체는 계속 움직이기 위해서 그 어떤 것도 필요로 하지 않는다. 사실 물체를 멈추기 위해서 힘이 필요하다. 이것이 관성의 법칙이다. 힘은 물체의 운동 상태를 바꾼다. 만약 물체가 처음에 정지해 있다면 그 물체를 움직이기 시작하는 데 힘이 든다. 만약 물체가 움직이고 있다면 멈추기 위해서 힘이 든다. 만약 물체가 특정한 방향으로 움직이고 있다면 그 운동 방향을 바꾸기 위해서 힘이 든다. 이 모든 예는 물체의 속도의 변화, 즉 가속도를 수반한다.

경험적으로 우리는 어떤 물체가 다른 물체보다 관성이 더 많다는 것을 안다. 그런 물체의 속도를 바꾸려면 더 큰 힘이 필요하다. 큰 관성과 작은 관성을 가진 물체의 대표적인 사례로 기관차와 탁구공을 들 수 있다. 어떤 물체의 관성에 대한 정량적인 척도가 질량이다.

뉴턴의 운동 법칙은 가속도, 질량, 힘이라는 세 가지 양을 수반한다. 가속도는 2강에서 공부했다. 똑똑한 관측자라면 (약간의 수학과 함께) 물체가 움직일 때 그 위치를 관찰해서 가속도를 정할 수 있다. 질량은 사실상 힘과 가속도로 정의되는 새로운 개념이다. 하지만 아직까지 우리는 힘을 정의하지 않았다. 힘은 주어진 질량의 운동을 바꾸는 능력으로 정의되고, 질량은 그 변화에 대한 저항으로 정의되는 순환 논리에 빠진 것 같다. 이 고리를 깨기 위해 실제로 힘이 어떻게 정의되고 측정되는지 조금 더 자세히 살펴보자.

대단히 복잡한 기구들을 써서 엄청난 정확도로 힘을 측정할 수 있지만 우리의 목적에는 아주 오래된 기구인 용수철 저울이 가장 적합할 것 같다. 용수철 저울에는 용수철과 눈금자가 있어 본래의 균형 길이로부터 용수철이 얼마나 많이 늘어났는지를 잴 수 있다. (그림 1을 보라.)

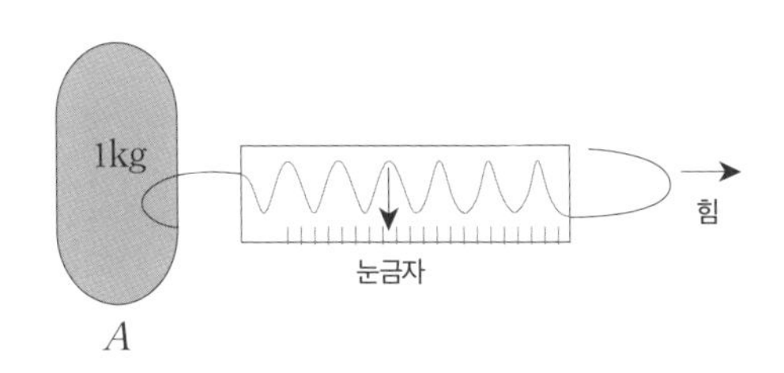

그림 1 용수철 저울.

용수철에는 2개의 갈고리가 있다. 하나에는 질량을 측정하고자 하는 무거운 물체가 달려 있다. 다른 하나는 끌어당기는 용도이다. 실은 이 작업에 착수하려면 똑같은 용수철 저울 여러 개가 필요하다.

힘의 한 단위를 이렇게 정의해 보자. 갈고리 하나를 어떤 물체 A에 고정시키고 저울 바늘이 눈금자의 한 눈금을 가리킬 때까지 다른 갈고리를 잡아당긴다. 이로써 우리는 한 단위의 힘을 A에 작용하고 있는 셈이다.

두 단위의 힘을 정의하려면 용수철을 두 눈금까지 충분히 세게 잡아당기기만 하면 된다. 하지만 이때 우리는 한 눈금에서 두 눈금까지 늘어날 때 용수철이 똑같은 방식으로 작동한다고 가정해야 한다. 이렇게 되면 우리는 발을 들여놓고 싶지도 않은 사악한 순환 논리에 다시 빠져들게 될 것이다. 그 대신 우리는 2개의 용수철 저울을 A에 붙여서 두 용수철 저울 모두 한 단위의 힘으로 잡아당겨 두 단위의 힘을 정의하면 된다. (그림 2를 보라.)

달리 말해 우리는 각각의 저울 바늘이 하나의 눈금을 가리키도록 양쪽 갈고리를 잡아당기면 된다. 세 단위의 힘은 3개의 용수철 저울을 이용해서 정의하면 되고, 이런 식으로 계속 나아갈 수 있다.

자유 공간에서 이 실험을 하면, 우리가 갈고리를 끄는 방향으로 물체 A가 가속된다는 흥미로운 사실을 알게 된다. 조금 더 정확히 말해 가속도는 힘에 비례한다. 두 단위의 힘에 대해서는 2배가 되고 세 단위의 힘에 대해서는 3배가 되고, 그런 식이다.

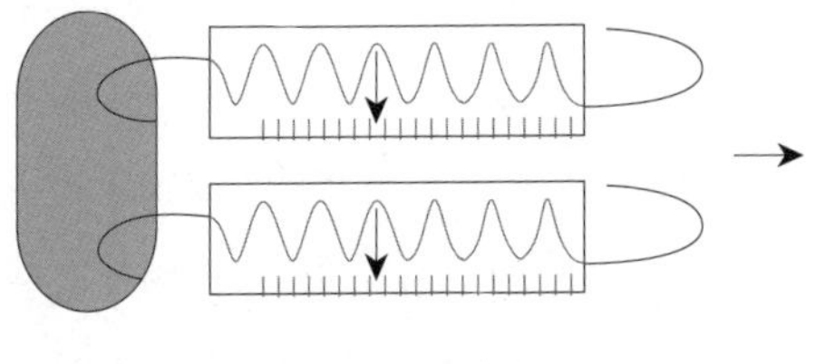

그림 2 2배의 힘.

A의 관성을 바꾸기 위해 무언가 조치를 취해 보자. 특히 똑같은 물체 A 2개를 함께 갈고리에 꿰어 관성을 2배로 늘릴 것이다. (그림 3을 보라.)

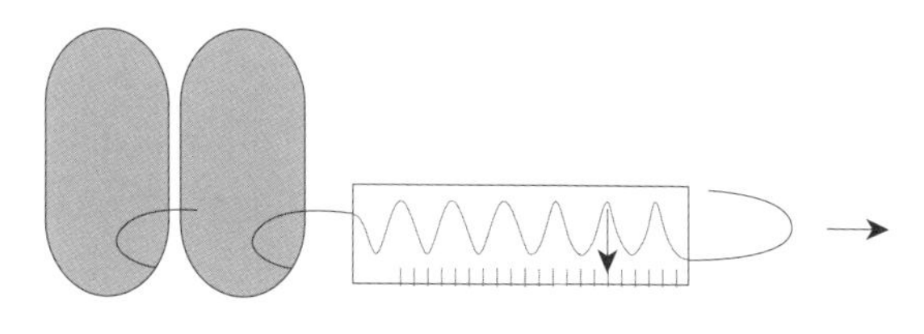

그림 3 2배의 질량.

우리가 (용수철 저울 하나가 한 단위까지 늘어나게끔 이 모두를 잡아당겨서) 한 단위의 힘을 작용하면 가속도는 원래의 절반밖에 되지 않는다는 것을 알게 될 것이다. 이제 관성(질량)은 이전보다 2배가 되었다.

이 실험을 일반화할 수 있다는 것은 명확하다. 3개의 질량에 갈고리를 달면 가속도는 겨우 $\frac{1}{3}$이 될 것이고, 계속 그런 식으로 할 수 있다.

우리는 임의의 개수의 용수철 저울을 임의의 개수의 A에 매달아 훨씬 더 많은 실험을 할 수 있다. 그 결과는 하나의 식, 즉 뉴턴의 운동 제2법칙으로 요약된다. 이에 따르면 힘은 질량과 가속도의 곱과 같다.

$$\vec{F} = m\vec{a}. \tag{1}$$

이 방정식은 또한 다음의 형태로도 쓸 수 있다.

$$\vec{F} = m\frac{d\vec{v}}{dt}. \qquad (2)$$

달리 말해 힘은 질량과 속도의 변화율의 곱과 같다. 힘이 없으면 속도의 변화도 없다.

이 방정식은 벡터 방정식이라는 사실에 유의하라. 힘과 가속도는 크기뿐만 아니라 방향도 갖고 있기 때문에 모두 벡터이다.

막간: 단위에 대하여

수학자는 선분의 길이가 3이라는 말에 만족할지도 모르겠다. 하지만 물리학자나 공학자는 (또는 심지어 일반인조차도) "3 뭐?"라고 알고 싶을 것이다. 3인치, 3센티미터, 아니면 3광년?

이와 비슷하게 물체의 질량이 7이나 12라고 말하는 것은 아무런 정보도 전달하지 않는다. 숫자에 의미를 부여하기 위해서는 어떤 단위를 사용하고 있는지 적시해야 한다. 길이부터 시작해 보자.

파리 어딘가에 백금으로 만든 미터 원기가 있다. 미터 원기는 길이에 영향을 줄 수도 있는 다른 조건들에서 격리되어 일정한 온도에서 밀봉된 용기 안에 보관되어 있다.[♣] 이제부터 우리는 미터자를 길이의 단위로 채택할 것이다.

♣ 보다 현대적인 미터의 정의는 원자가 하나의 양자 준위에서 다른 준위로 떨어질 때 방출되는 빛의 파장을 써서 정해진다. 우리의 목적을 위해서는 파리의 미터자로도 적당할 것이다. (1983년 이후로는 광속으로 미터를 정의한다. — 옮긴이)

그래서 이렇게 쓴다.

$$[x] = [\text{길이}] = \text{미터}.$$

모양이 조금 그렇기는 해도, 이것은 보통 의미의 방정식은 아니다. 이것은 "x는 길이의 단위를 가지고 있고 미터로 측정한다."로 읽는다.

비슷한 방식으로 t는 시간의 단위를 갖고 있으며 초로 잰다. 1초는 어떤 진자가 한 번 흔들거리는 데 걸린 시간의 양으로 정의할 수 있다.

$$[t] = [\text{시간}] = \text{초}.$$

미터와 초 단위는 m과 s로 각각 축약해서 쓴다.

일단 길이와 시간 단위를 가졌으니 속도와 가속도의 단위를 구성할 수 있다. 어떤 물체의 속도를 계산하려면 거리를 시간으로 나눈다. 그 결과는 시간당 길이의 단위, 즉 (우리의 단위로는) 초속이 된다.

$$[v] = \left[\frac{\text{길이}}{\text{시간}}\right] = \frac{\text{m}}{\text{s}}.$$

이와 비슷하게 가속도는 속도의 변화율이므로 그 단위는 단위 시간당 속도, 즉 단위 시간당 단위 시간당 길이이다.

$$[a] = \left[\frac{\text{길이}}{\text{시간}}\right]\left[\frac{1}{\text{시간}}\right] = \left[\frac{\text{길이}}{\text{시간}^2}\right] = \frac{\text{m}}{\text{s}^2}.$$

질량의 단위로는 킬로그램을 쓸 것이다. 이것은 어떤 백금 덩어리의 질량인데 이 또한 프랑스 어딘가에 보존되어 있다. 그래서 이렇게 쓸 수 있다.

$$[m] = [\text{질량}] = \text{킬로그램} = \text{kg}.$$

이제 힘의 단위를 생각해 보자. 누군가는 특정한 금속으로 만든 어떤 특별한 용수철을 써서 0.01미터의 거리 또는 그와 비슷한 얼마만큼까지 늘려 힘을 정의할지도 모르겠다. 하지만 사실 새로운 힘의 단위가 필요한 것은 아니다. 우리는 이미 힘의 단위를 갖고 있다. 즉 1킬로그램을 매초 초속 1미터로 가속하는 데 드는 힘이다. 뉴턴의 법칙 $F = ma$를 사용하면 훨씬 더 좋다. 당연하게도 힘은 질량과 가속도의 곱의 단위를 갖고 있다.

$$\begin{aligned}[F] &= [\text{힘}] \\ &= [ma] \\ &= \left[\frac{\text{질량} \times \text{길이}}{\text{시간}^2}\right] \\ &= \frac{\text{kg m}}{\text{s}^2}.\end{aligned}$$

이 단위의 힘에는 이름이 있다. 매 제곱 초당 1킬로그램 × 미터는 뉴턴으로 불리며 N으로 줄여 쓴다. 뉴턴 자신은 영국인이었으니까 아마도 영국 단위인 파운드를 더 좋아했을 것이다. 1파운드는 약 4.4뉴턴이다.

뉴턴의 방정식 풀이에 대한 몇몇 간단한 예

가장 간단한 예는 어떤 힘도 작용하지 않는 입자이다. 운동 방정식은 식 (2)인데 힘은 0으로 놓는다.

$$m\frac{d\vec{v}}{dt} = 0.$$

또는 시간 미분에 대해 윗점 표기법을 쓰면 다음과 같다.

$$m\dot{\vec{v}} = 0.$$

질량 인수를 없앨 수 있으니까 이 방정식은 성분별로 다음과 같이 쓸 수 있다.

$$\dot{v}_x = 0$$
$$\dot{v}_y = 0$$
$$\dot{v}_z = 0.$$

이 풀이는 간단하다. 속도의 성분은 상수이고 따라서 각 초기 값과 같게 놓을 수 있다.

$$v_x(t) = v_x(0). \tag{3}$$

속도의 다른 두 성분에 대해서도 마찬가지이다. 이는 우연히도 종종 뉴턴의 운동 제1법칙으로 불린다.

> **일정한 운동 상태에 있는 모든 물체는 외력이 작용하지 않는 한 그 운동 상태를 유지하려는 경향이 있다.**

식 (1)과 (2)는 뉴턴의 운동 제2법칙으로 불린다.

> **물체의 질량 m, 가속도 a, 거기에 작용하는 힘 F 사이에는 다음의 관계가 성립한다.**

$$F = ma.$$

하지만 앞서 보았듯이 제1법칙은 단지 힘이 0일 때의 제2법칙의 특별한 경우이다. 속도가 위치의 미분이라는 것을 떠올려 보면, 식 (3)은 다음 형태로 표현할 수 있다.

$$\dot{x} = v_x(0).$$

이것은 가능한 한 가장 단순한 미분 방정식으로서 그 풀이는 (모든 성분에 대해) 이렇게 된다.

$$x(t) = x_0 + v_x(0)t$$
$$y(t) = y_0 + v_y(0)t$$
$$z(t) = z_0 + v_z(0)t.$$

또는 벡터 표기법으로 다음과 같다.

$$\vec{r}(t) = \vec{r}_0 + \vec{v}_0 t.$$

일정한 힘이 작용하는 운동은 조금 더 복잡하다. 먼저 z 방향으로만 작용한다고 해 보자. 운동 방정식의 양변을 m으로 나누면

$$\dot{v}_z = \frac{F_z}{m}.$$

> **연습 문제 2:** **이 방정식을 적분하라.** (힌트: 정적분을 이용하라.)

이 결과로부터

$$v_z(t) = v_z(0) + \frac{F_z}{m}t.$$

즉

$$\dot{z}(t) = v_z(0) + \frac{F_z}{m}t$$

라는 것을 유도할 수 있다. 이것은 아마도 두 번째로 가장 간단한 미분 방정식일 것이다. 풀기가 쉽다.

$$z(t) = z_0 + v_z(0)t + \frac{F_z}{2m}t^2. \qquad (4)$$

연습 문제 3: 이 식을 미분해서 운동 방정식을 만족함을 보여라.

이 간단한 경우는 익숙할 것이다. z가 지구 표면에서의 높이를 나타내고 $\frac{F_z}{m}$이 중력에 의한 가속도 $\frac{F_z}{m} = -g$로 대체되면 식 (4)는 높이 z_0에서 초기 속도 $v_z(0)$로 낙하하는 물체의 운동을 기술하는 방정식이다.

$$z(t) = z_0 + v_z(0)t - \frac{1}{2}gt^2. \qquad (5)$$

단순 조화 진동자의 경우를 생각해 보자. 이 계는 원점을 향해 당기는 힘에 속박되어 x 축을 따라 움직이는 입자로 생각할 수 있다. 그 힘은

$$F_x = -kx.$$

음의 부호는 x 값이 얼마이든 간에 이 힘이 $x = 0$을 향해 끌어당기고 있음을 나타낸다. 그래서 x가 양수이면 힘은 음수이고 그 반대도 마찬가지이다. 운동 방정식은 다음과 같은 형태로 쓸 수 있다.

$$\ddot{x} = -\frac{k}{m}x$$

또는 $\frac{k}{m} = \omega^2$ 으로 정의하면 다음과 같이 쓸 수 있다.

$$\ddot{x} = -\omega^2 x. \tag{6}$$

연습 문제 4: 식 (6)에 대한 일반적인 풀이는 두 상수 A, B를 써서

$$x(t) = A\cos\omega t + B\sin\omega t$$

로 주어진다는 것을 미분을 써서 보여라. 그리고 A와 B를 써서 시간 $t = 0$에서의 초기 위치와 속도를 정하라.

조화 진동자는 진자의 운동에서부터 빛 속 전기장과 자기장의 진동에 이르기까지 다양한 상황 속에서 마주하게 되는, 매우 중요한 계이다. 철저히 공부하면 유익하다.

막간 3 ✳ 편미분

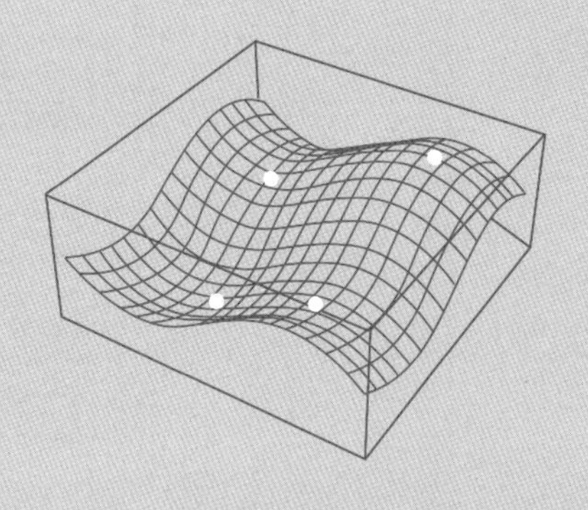

"저길 봐, 레니. 저 언덕과 계곡이 아름답지 않아?"

"그렇군, 조지. 돈을 좀 벌면 저기 어디 땅을 좀 구할 수 있을까? 그럴 수 있을까?"

조지가 실눈을 하고 바라보았다.

"정확하게 어디를 보고 있는 거야, 레니?"

레니가 가리켰다.

"바로 저기야, 조지. 저기 국소적으로 최소인 곳."

편미분

다변수 함수의 미적분은 1변수 함수의 미적분을 곧바로 일반화하면 된다. 하나의 변수 t의 함수 대신 여러 변수의 함수를 생각해 보자. 예를 들어 이 변수들을 x, y, z라 하자. 이 변수들은 보통의 공간 좌표를 나타낼 필요는 없다. 게다가 변수가 셋보다 많거나 적을 수도 있다. 이 변수들의 함수 $V(x, y, z)$를 생각해 보자. x, y, z의 모든 값에 대해 $V(x, y, z)$는 고유한 값을 갖는다. 이 값은 좌푯값을 변화시킴에 따라 매끄럽게 변화한다고 가정한다.

다변수 미분법은 편미분이라는 개념을 중심으로 돌아간다. 점 (x, y, z)의 근처에서 y와 z를 고정시킨 채 x를 변화시킬 때 V의 변화율을 알아보자. y와 z는 단지 고정된 변수로 생각할 수 있으므로 유일한 변수는 x이다. 그러면 V의 도함수는 다음과 같이 정의된다.

$$\frac{dV}{dx} = \lim_{\Delta x \to 0} \frac{\Delta V}{\Delta x}. \tag{1}$$

여기서 ΔV는

$$\Delta V = V([x + \Delta x], y, z) - V(x, y, z) \tag{2}$$

로 정의한다. ΔV의 정의에서 y와 z는 고정된 채 x만 변화되었다는 것에 유의하라.

식 (1)과 (2)로 정의된 도함수를 x에 대한 V의 편미분이라 부르고 다음과 같이 쓴다.

$$\frac{\partial V}{\partial x}.$$

또는 y와 z가 고정되었다는 것을 강조하고 싶다면

$$\left(\frac{\partial V}{\partial x}\right)_{yz}$$

라고 쓴다.

같은 방법으로 다른 변수들에 대한 편미분을 구축할 수 있다.

$$\frac{\partial V}{\partial y} = \lim_{\Delta y \to 0} \frac{\Delta V}{\Delta y}.$$

y에 대한 V의 편미분을 보다 간단한 기호로 표현하면

$$\frac{\partial V}{\partial y} = \partial_y V.$$

다중 미분 또한 가능하다. $\frac{\partial V}{\partial x}$ 자체를 x, y, z의 함수로 생각하면 이 함수를 미분할 수 있다. 그래서 x에 대한 2차 편미분

을 정의할 수 있다.

$$\frac{\partial^2 V}{\partial x^2} = \partial_x\left(\frac{\partial V}{\partial x}\right) = \partial_{x,x} V.$$

혼합된 편미분 또한 가능하다. 예를 들어 $\partial_y V$를 x에 대해 미분할 수 있다.

$$\frac{\partial^2 V}{\partial x \partial y} = \partial_x\left(\frac{\partial V}{\partial y}\right) = \partial_{x,y} V.$$

흥미롭게도 혼합 미분은 미분이 수행된 순서에 상관이 없다. 이 사실은 중요하다.

$$\frac{\partial^2 V}{\partial x \partial y} = \frac{\partial^2 V}{\partial y \partial x}.$$

연습 문제 1: **다음 함수들에 대해 모든 1차, 2차 편미분(혼합 미분 포함)을 계산하라.**

$x^2 + y^2 = \sin(xy)$

$\frac{x}{y} e^{(x^2+y^2)}$

$e^x \cos y$

정류점과 함수의 최소화

다음과 같은 y의 함수 F를 살펴보자. (그림 1을 보라.)

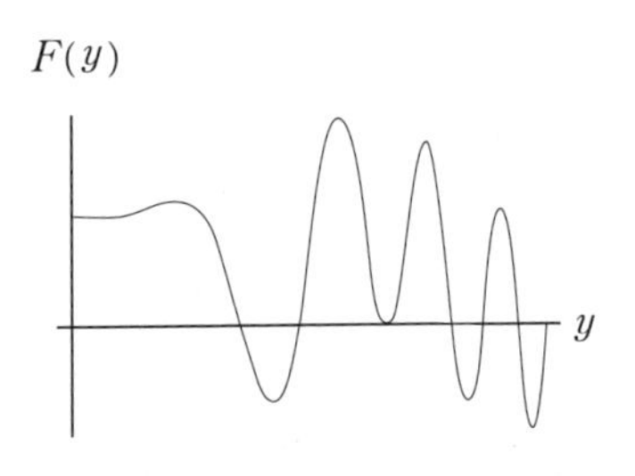

그림 1 함수 $F(y)$의 그래프.

곡선 위에서 y를 어떤 방향으로 이동시켜도 F는 위로만 이동하는 곳들이 있음에 유의하라. 이런 점들은 극소점(local minimum)이라 부른다. 그림 2에서 점으로 극소점을 표시했다.

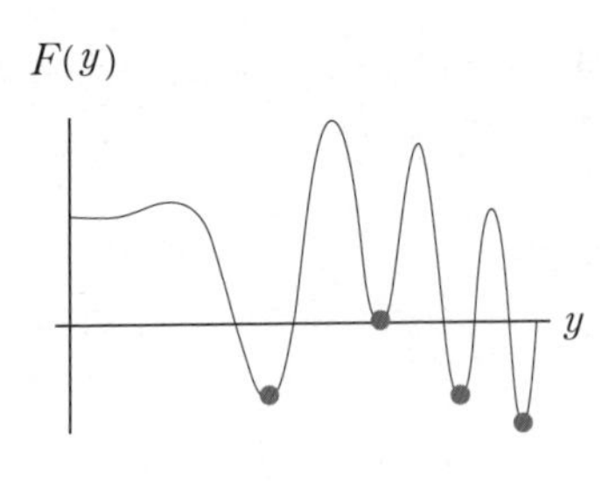

그림 2 함수 $F(y)$의 극소점.

각각의 극소점에서는 y를 따라 어느 방향으로 가더라도 $F(y)$는 점 위로 올라가기 시작한다. 각 점은 약간 움푹한 곳의 바닥에 찍혀 있다. 최소점은 곡선에서 가능한 가장 낮은 곳이다.

극소점을 위한 한 가지 조건은 그 점에서의 독립 변수에 대한 미분 값이 0이라는 것이다. 이것은 필요 조건이지 충분 조건은 아니다. 이 조건으로부터 정류점(stationary point)을 정의한다.

$$\frac{d}{dy}F(y) = 0.$$

다음 조건은 2차 미분을 조사해서 정류점의 특성을 알아보는 것이다. 만약 2차 미분이 양수면 그 근처의 모든 점은 정류점보다 위에 있을 것이다. 따라서 극소점에서는 다음이 성립한다.

$$\frac{d^2}{d^2y}F(y) > 0.$$

만약 2차 미분 값이 0보다 작으면 그 근처의 모든 점은 정류점보다 아래에 있을 것이다. 이때는 극대점(local maximum)이다.

$$\frac{d^2}{d^2y}F(y) < 0.$$

극대점의 예로 그림 3을 보라.

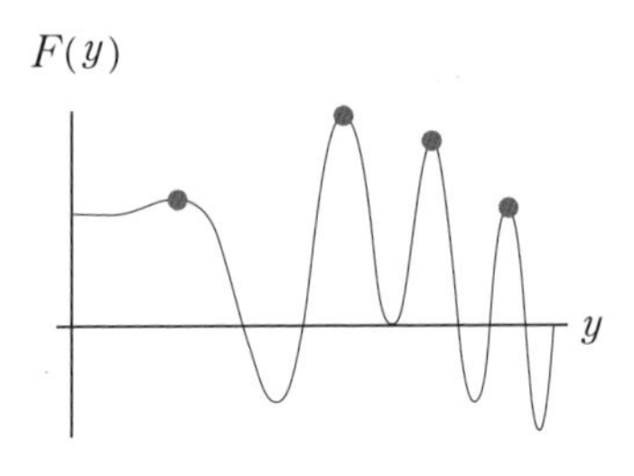

그림 3 함수 $F(y)$의 극대점.

만약 2차 미분 값이 0이면 정류점에서 도함수가 양에서 음으로 바뀐다. 이를 변곡점이라 부른다.

$$\frac{d^2}{d^2y}F(y) = 0.$$

변곡점의 예로 그림 4를 보라.

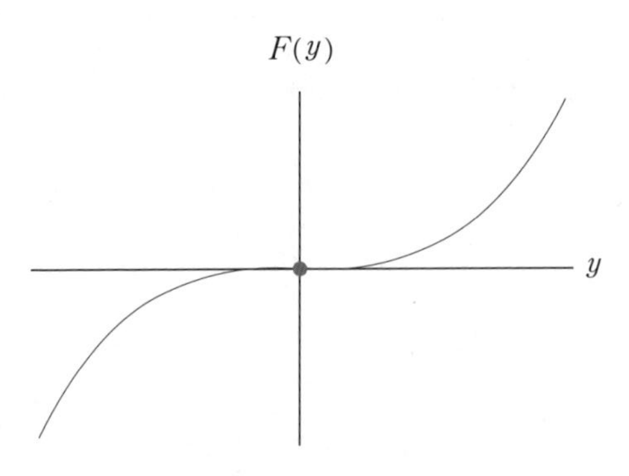

그림 4 함수 $F(y)$의 변곡점.

이 모두가 총괄적으로 2차 미분 검증의 결과이다.

더 높은 차원에서의 정류점

극대점, 극소점, 그리고 다른 정류점들이 1변수 이상의 변수를 가진 함수에서도 생겨날 수 있다. 언덕이 많은 지형을 생각해 보자. 지형의 해발 고도는 두 좌표(위도와 경도라 하자.)의 함수이다. 이 함수를 $A(x, y)$라 하자. 언덕의 꼭대기와 골짜기의 바닥은 $A(x, y)$의 극대점과 극소점이다. 하지만 이 지형에서 국소적으로 평평한 곳은 이곳들뿐만이 아니다. 두 언덕 사이에는 안장점이 생긴다. 그림 5에서 몇몇 예를 볼 수 있다.

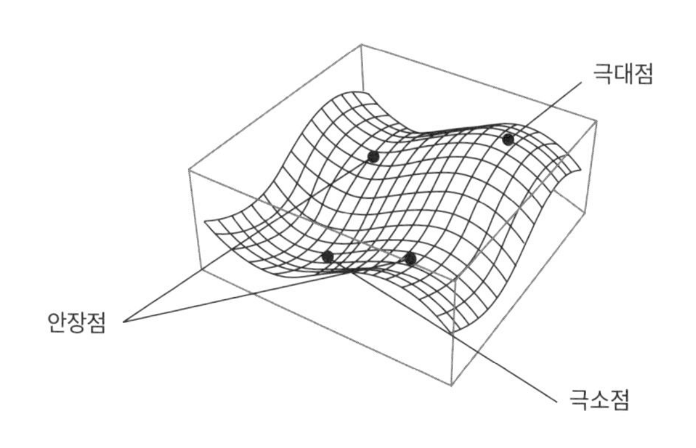

그림 5 다변수 함수.

언덕의 가장 꼭대기들은 어느 방향으로 움직여도 곧 내리막

길을 걷게 되는 그런 곳이다. 골짜기의 바닥은 정반대이다. 모든 방향이 위쪽을 향한다. 하지만 두 곳 모두 바닥이 평평하다.

바닥이 평평한 다른 곳들도 있다. 두 언덕 사이에 안장점이라 불리는 곳을 찾을 수 있을 것이다. 안장점은 평평하지만 한 축을 따라가면 어느 방향으로든 고도가 빨리 증가한다. 그와 수직인 다른 방향으로는 고도가 감소한다. 이 모든 점들을 정류점이라 부른다.

A의 극소점을 통과해 지나도록 x 축을 따라 공간을 관통해 얇게 잘라 보자. 그림 6을 보라.

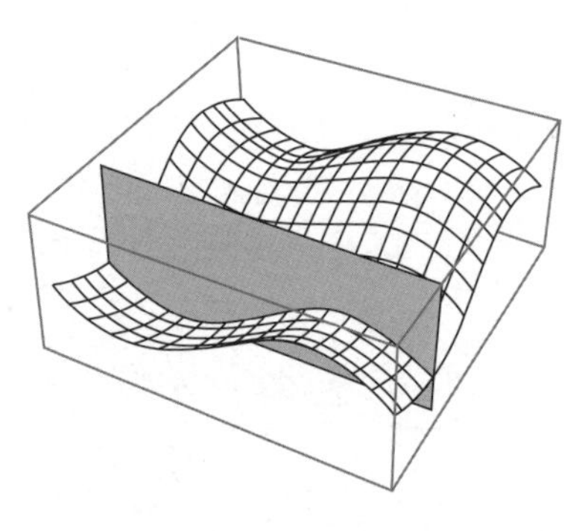

그림 6 x 축을 따라 자른 단면.

최소점에서는 x에 대한 A의 도함수가 0임이 명백하므로 이렇게 쓸 수 있다.

$$\frac{\partial A}{\partial x} = 0. \tag{3}$$

한편 우리가 y 축을 따라 잘랐을 수도 있었으니까 결론적으로

$$\frac{\partial A}{\partial y} = 0.$$

최솟값을 갖기 위해, 또는 그 목적으로 어떤 정류점을 갖기 위해서는 두 도함수가 모두 0이어야 한다. A가 변할 수 있는 공간에 더 많은 방향이 있었다면 정류점을 위한 조건은 모든 x_i에 대해

$$\frac{\partial A}{\partial x_i} = 0.$$

이 방정식들을 요약해서 간단하게 표기할 수 있다. 점 x가 약간 변할 때 함수의 변화는

$$\delta A = \sum_i \frac{\partial A}{\partial x_i} \delta x_i$$

로 주어진다는 것을 떠올려 보자. 방정식 (3)은 x의 임의의 작은 변화에 대해

$$\delta A = 0$$

인 조건과 동등하다.

그런 점을 발견했다고 가정해 보자. 이 점이 최대점인지, 최소점인지, 또는 안장점인지 어떻게 알 수 있을까? 답은 1변수에 대한 기준을 일반화하는 것이다. 2차 미분을 생각해 보자. 2차 미분에는 여럿이 있다. 2차원인 경우 다음과 같이 네 가지 형태가 있다.

$$\frac{\partial^2 A}{\partial x^2},$$
$$\frac{\partial^2 A}{\partial y^2},$$
$$\frac{\partial^2 A}{\partial x \partial y},$$
$$\frac{\partial^2 A}{\partial y \partial x}.$$

마지막 둘은 똑같다.

이 편미분은 종종 헤세 행렬(Hessian matrix)이라 부르는 특별한 행렬로 정렬해서 표현한다.

$$H = \begin{pmatrix} \dfrac{\partial^2 A}{\partial x^2} & \dfrac{\partial^2 A}{\partial x \partial y} \\ \dfrac{\partial^2 A}{\partial y \partial x} & \dfrac{\partial^2 A}{\partial y^2} \end{pmatrix}.$$

이런 행렬로부터 행렬식과 자취라 불리는 중요한 양을 계산할 수 있다. 행렬식은

$$\text{Det } H = \frac{\partial^2 A}{\partial x^2}\frac{\partial^2 A}{\partial y^2} - \frac{\partial^2 A}{\partial y \partial x}\frac{\partial^2 A}{\partial x \partial y}$$

로 주어지며 자취는

$$\text{Tr } H = \frac{\partial^2 A}{\partial x^2} + \frac{\partial^2 A}{\partial y^2}$$

로 주어진다.

행렬, 행렬식, 자취가 여러분에게 이 정의를 넘어서는 것 이상의 의미를 갖지는 않을 것이다. 하지만 여러분이 이 강좌를 따라 다음 주제인 양자 역학까지 넘어온다면 이야기가 달라질 것이다. 지금으로서는 그 정의와 다음 규칙만 알면 된다.

헤세 행렬의 행렬식과 자취가 모두 양수이면 그 점은 극소점이다.

행렬식이 양수이고 자취가 음수이면 그 점은 극대점이다.

행렬식이 음수이면 자취의 부호와 상관없이 그 점은 안장점이다.

그러나 한 가지 유의점이 있다. 이 규칙은 특별히 2변수 함수에 적용된다. 2변수를 넘어서면 규칙은 더욱 복잡해진다. 지금으로서는 이 중 어떤 것도 명백하지가 않지만, 그래도 다양한 함수를

검증해 서로 다른 정류점을 찾을 수 있게 해 준다. 예를 들어 다음 함수를 생각해 보자.

$$F(x, y) = \sin x + \sin y.$$

양변을 미분하면

$$\frac{\partial F}{\partial x} = \cos x$$
$$\frac{\partial F}{\partial y} = \cos y$$

이 된다. $x = \frac{\pi}{2}$, $y = \frac{\pi}{2}$인 점을 취해 보자. $\cos \frac{\pi}{2} = 0$이므로 두 미분 값은 모두 0이고 이 점은 정류점이다.

이제 어떤 형태의 정류점인지 알아보기 위해 2차 미분을 계산해 보자. 2차 미분은 다음과 같다.

$$\frac{\partial^2 F}{\partial x^2} = -\sin x$$
$$\frac{\partial^2 F}{\partial y^2} = -\sin y$$
$$\frac{\partial^2 F}{\partial x \partial y} = 0$$
$$\frac{\partial^2 F}{\partial y \partial x} = 0.$$

$\sin \frac{\pi}{2} = 1$이므로 헤세 행렬의 행렬식은 양수이고 자취는 음수이다. 따라서 이 점은 최대점이다.

연습 문제 2: 점 $\left(x = \frac{\pi}{2}, y = -\frac{\pi}{2}\right)$, $\left(x = -\frac{\pi}{2}, y = \frac{\pi}{2}\right)$, $\left(x = -\frac{\pi}{2}, y = -\frac{\pi}{2}\right)$를 생각해 보자. 이 점들은 다음 함수들에 대해서 정류점인가? 만약 그렇다면 어떤 형태인가?

$$F(x, y) = \sin x + \sin y$$
$$F(x, y) = \cos x + \cos y$$

✳ 4강 ✳

하나 이상의 입자로 이루어진 계

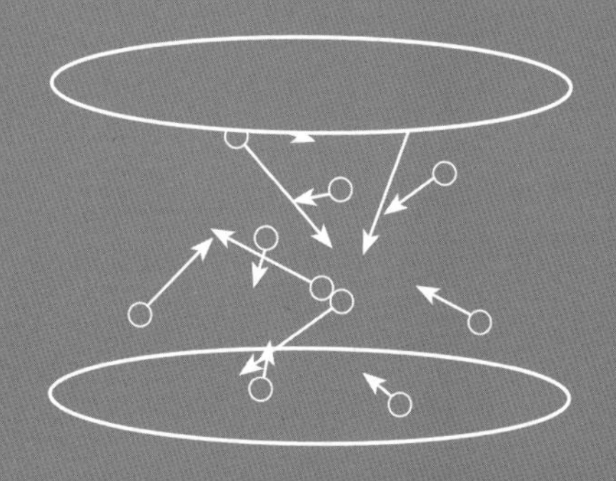

따분하고 포근한 저녁이다.

레니와 조지는 잔디밭에 누워 하늘을 쳐다보고 있다.

"조지, 별에 대해서 이야기해 주게. 별은 입자인가?"

"일종의 입자이지, 레니."

"어떻게 안 움직일 수가 있지?"

"움직여, 레니. 너무 멀어서 그렇게 보이지 않을 뿐이야."

"별이 어마무시하게 많아, 조지.

라플라스라는 녀석이 정말로 저 모든 걸 다 계산할 수 있었다고 생각해?"

입자의 계

만약 라플라스가 믿었듯이 자연의 계가 입자들로 이루어져 있다면 자연의 법칙은 그런 입자계의 운동을 결정하는 동역학적 운동 법칙이어야만 할 것이다. 다시 라플라스의 이야기를 들어 보자. "어느 순간 …… 모든 힘과 …… 모든 위치를 아는 어떤 지적 존재가 ……." 주어진 입자에 작용하는 힘을 결정하는 것은 무엇인가? 그것은 다른 모든 입자들의 위치이다.

많은 형태의 힘이 근본적이지 않다. 마찰력, 바람이 가하는 항력, 여러분이 지하층으로 떨어지지 않도록 바닥이 받치는 힘 등이 그러하다. 이런 힘들은 원자와 분자 사이의 미시적인 상호작용에서 비롯된 것이다.

근본적인 힘은 중력이나 전기력처럼 입자들 사이에 작용하는 힘이다. 이런 힘들은 여러 요소들에 의해 좌우된다. 입자들 사이의 중력은 질량의 곱에 비례하며 전기력은 전하량의 곱에 비례한다. 전하량과 질량은 입자의 내재적인 성질이라 여겨진다. 이것을 명시하는 것은 부분적으로 그 계를 명시하는 것이다.

내재적인 성질을 논외로 한다면 힘은 입자의 위치가 좌우한다. 예를 들어 한 입자가 다른 입자에 작용하는 전기력과 중력은 입자들 사이의 거리가 결정한다. 모든 입자의 위치를 좌표로 기술한다고 해 보자. 첫 번째 입자는 x_1, y_1, z_1, 두 번째 입자는 x_2, y_2, z_2, 세 번째 입자는 x_3, y_3, z_3, 이런 식으로 마지막 N번째 입자까지 이렇게 쓸 수 있다. 그렇다면 어떤 하나의 입자에 작용하는 힘은 그 입자의 위치뿐만 아니라 다른 모든 입자의 위치의 함수이다. 이것을 다음과 같은 형태로 쓸 수 있다.

$$\vec{F}_i = \vec{F}_i(\{\vec{r}\}).$$

이 식이 뜻하는 바는 i번째 입자에 작용하는 힘은 모든 입자의 위치의 함수라는 것이다. $\{\vec{r}\}$이라는 기호는 계의 모든 입자의 집단적인 위치를 나타낸다. 즉 이 기호는 모든 위치 벡터의 집합을 나타낸다.

일단 어떤 입자(예를 들어 1번 입자)에 작용하는 힘을 알면 우리는 그 입자에 대한 뉴턴의 운동 방정식을 쓸 수 있다.

$$\vec{F}_1(\{\vec{r}\}) = m_1\vec{a}_1.$$

여기서 m_1과 $\vec{a}_1$은 1번 입자의 질량과 가속도이다. 가속도를 위치의 2차 미분으로 표현하면 방정식은 다음과 같다.

$$\vec{F}_1(\{\vec{r}\}) = m_1\frac{d^2\vec{r}_1}{dt^2}.$$

우리는 각 입자에 대해 이런 방정식을 쓸 수 있다.

$$\vec{F}_1(\{\vec{r}\}) = m_1 \frac{d^2 \vec{r}_1}{dt^2}$$

$$\vec{F}_2(\{\vec{r}\}) = m_2 \frac{d^2 \vec{r}_2}{dt^2}$$

$$\vec{F}_3(\{\vec{r}\}) = m_3 \frac{d^2 \vec{r}_3}{dt^2}$$

$$\vdots$$

$$\vec{F}_N(\{\vec{r}\}) = m_N \frac{d^2 \vec{r}_N}{dt^2}.$$

또는 압축된 형태로 쓰면 다음과 같다.

$$\vec{F}_i(\{\vec{r}\}) = m_i \frac{d^2 \vec{r}_i}{dt^2}.$$

이 방정식들은 또한 성분으로 쓸 수도 있다.

$$(F_x)_i(\{x\}) = m_i \frac{d^2 x_i}{dt^2}$$

$$(F_y)_i(\{y\}) = m_i \frac{d^2 y_i}{dt^2} \tag{1}$$

$$(F_z)_i(\{z\}) = m_i \frac{d^2 z_i}{dt^2}.$$

이 방정식의 집합에서 $(F_x)_i$, $(F_y)_i$, $(F_z)_i$는 i번째 입자에 작용하는 힘의 x, y, z 성분을 뜻하며 $\{x\}$, $\{y\}$, $\{z\}$ 기호는 모든 입자의 모든 x 좌표, y 좌표, z 좌표의 집합을 나타낸다.

이 마지막 방정식 꾸러미를 보면 모든 입자의 각 좌표에 대한 방정식이 있으며, 초기 조건이 알려져 있다면 이것이 라플라스의 엄청난 지적 존재에게 어떻게 모든 입자가 움직이는지 알려 줄 것이라는 점이 명확해진다. 전부 다 해서 얼마나 많은 방정식이 있을까? 각 입자에 대해 3개의 방정식이 있으니까 N개의 입자가 있다면 총 $3N$개의 방정식이 있다.

입자계의 상태 공간

어떤 계의 상태에 대한 공식적인 의미는 다음과 같다. "동역학 법칙이 주어졌을 때 그 계의 미래를 (완벽한 정확도로) 예측하기 위해 알아야 하는 모든 것." 1강을 떠올려 보면 상태의 공간, 즉 상태 공간은 그 계의 모든 가능한 상태의 집합이다. 1강의 예에서 상태 공간은 전형적으로 불연속적인 가능성의 집합이었다. 동전의 H나 T, 주사위의 1부터 6 등. 아리스토텔레스의 역학에서는 물체에 작용하는 힘을 안다고 가정했을 때, 그 상태는 단지 그 물체의 위치를 알면 정해진다. 사실 아리스토텔레스의 법칙으로부터 힘은 속도를 결정하며, 속도는 다음 순간 그 입자가 어디에 있을지 말해 준다.

하지만 뉴턴의 법칙은 아리스토텔레스의 법칙과 다르다. 뉴턴의 법칙은 속도가 아니라 가속도를 알려 준다. 이것은 여러분이 작업을 시작하기 위해서는 입자들이 어디에 있는지뿐만 아니라 그 속도까지 알 필요가 있음을 뜻한다. 속도를 알면 다음 순간 그 입자가 어디에 있을지 알 수 있고, 가속도를 알면 속도가 얼마인지 알 수 있다.

이 모든 것이 뜻하는 바는 입자계의 상태가 단지 입자의 현재 위치들보다 더 많은 것들로 구성된다는 것이다. 즉 입자들의 현재 속도까지도 포함된다. 예를 들어 만약 그 계가 하나의 입자라면 그 상태는 6조각의 데이터, 즉 3개의 위치 성분과 3개의 속도 성분으로 구성된다. 우리는 이것을 그 상태가 x, y, z, v_x, v_y, v_z의 축으로 이름이 붙은 6차원 상태 공간 속의 한 점이라고 말할 수 있다.

이제 입자의 운동을 생각해 보자. 매 순간 그 상태는 6개의 변수 $x(t)$, $y(t)$, $z(t)$, $v_x(t)$, $v_y(t)$, $v_z(t)$의 값으로 정해진다. 이 입자의 역사는 6차원 상태 공간 속의 궤적으로 그릴 수 있다.

다음으로 N개의 입자계의 상태 공간을 생각해 보자. 계의 상태를 특정하기 위해서는 모든 입자의 상태를 특정할 필요가 있다. 그 계의 운동은 $6N$차원 공간 속의 궤적이라고 말할 수 있다.

하지만 잠깐. 만약 상태 공간이 $6N$차원이라면, 왜 식 (1)에서 계가 어떻게 진행할지 결정하는 데 $3N$개의 성분만으로 충분한가? 방정식의 절반을 잃어버린 게 아닐까? 명시적인 힘이 작용하는 하나의 입자계로 돌아가서 가속도는 속도의 변화율이라는 사실을 이용해서 뉴턴의 방정식을 써 보자.

$$m\frac{d\vec{v}}{dt} = \vec{F}.$$

여기에는 속도에 대한 표현이 없으므로 속도는 위치의 변화율이라는 사실을 표현하는 또 다른 방정식을 더해 보자.

$$\frac{d\vec{r}}{dt} = \vec{v}.$$

이 두 번째 방정식을 포함하면 우리는 총 6개의 성분을 갖게 된다. 이는 상태 공간의 6개 좌표가 시간에 따라 어떻게 변하는지 알려 준다. 똑같은 아이디어를 각 개별 입자에 적용하면 상태 공간 속의 운동을 지배하는 6*N*개의 방정식을 얻게 된다.

$$\begin{aligned} m_i\frac{dv_i}{dt} &= F_i \\ \frac{dr_i}{dt} &= v_i. \end{aligned} \qquad (2)$$

그러니까 앞에서 제기한 질문에 답을 하자면, 우리는 절반의 방정식을 빼먹은 셈이다.

6*N*차원 상태 공간 속의 어디에 있든지 방정식 (2)는 다음 순간 여러분이 어디에 있을지 알려 준다. 또한 이전 순간에 여러분이 어디에 있었는지도 알려 준다. 따라서 식 (2)는 동역학 법칙

으로 적절하다. 이제 우리는 N개의 입자에 대해 $6N$개의 방정식을 갖고 있다.

운동량과 위상 공간

움직이는 물체에 부딪히면 그 결과는 물체의 속도뿐만 아니라 그 질량에도 좌우된다. 시속 48킬로미터(초속 약 13미터)의 탁구공이 같은 속도로 움직이는 기관차보다 훨씬 적은 역학적 효과를 줄 것임은 명백하다. 사실 그 효과는 물체의 운동량에 비례한다. 지금으로서는 운동량(momentum)을 속도와 질량의 곱이라고 정의할 것이다. 속도는 벡터이므로 운동량도 벡터이다. 운동량은 p로 표기한다. 그래서

$$p_i = mv_i$$

또는

$$\vec{p} = m\vec{v}.$$

속도와 운동량은 아주 밀접한 관련이 있기 때문에 상태 공간의 점에 이름을 붙일 때 속도와 위치 대신 운동량과 위치를 쓸 수 있다. 상태 공간을 이런 식으로 기술하면 위상 공간이라는 특별한 이름을 얻는다. 한 입자의 위상 공간은 x_i와 p_i 좌표를 가진

6차원 공간이다. (그림 1을 보라.)

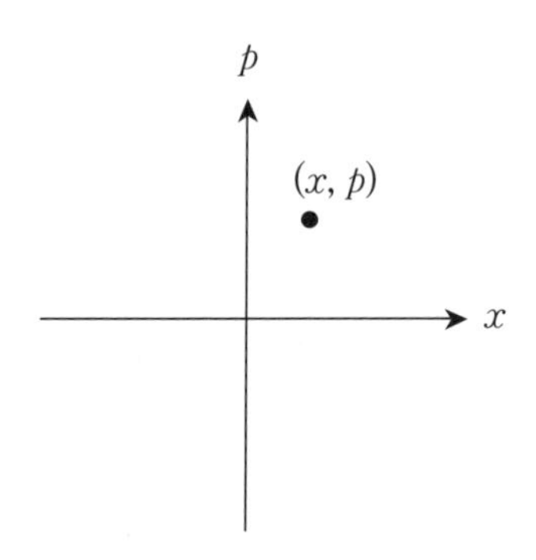

그림 1 위상 공간 속의 한 점.

왜 이 공간을 구성 공간이라고 부르지 않았을까? 왜 위상 공간이라는 새로운 용어를 썼을까? 이유는 이렇다. 구성 공간이라는 용어는 그와는 무언가 다른 것, 즉 3차원 위치 공간에 쓰인다. 단지 r_i인 것이다. 이것을 위치 공간이라고 불렀을 수도 있을 것이다. 그랬다면 "위치 공간과 운동량 공간의 합은 위상 공간과 같다."라고 말할 수 있었을 것이다. 사실 우리가 말하려는 것이 바로 이것이다. 하지만 구성 공간이라는 용어는 또한 위치 공간과 바꾸어 쓰기도 한다. 그래서 이런 표어로 쓸 수 있다.

구성 공간과 운동량 공간의 합은 위상 공간과 같다.

입자의 상태를 기술할 때 속도라는 직관적인 개념을 왜 운동량이라고 하는 보다 추상적인 개념으로 대체하는 고통을 감수했을까 하고 궁금해할지도 모르겠다. 그 답은 이후의 장에서 고전역학의 기본 틀을 발전시키면 보다 명확해질 것이다. 여기서는 그저 식 (2)를 속도 대신 운동량을 써서 다시 표현하기로 하자. 그렇게 하면 우선

$$m\frac{d\vec{v}}{dt}$$

는 단지 운동량의 시간 변화율일 뿐이다. 즉 $\frac{d\vec{p}}{dt}$이다. 윗점을 써서 축약 표기를 하면 다음과 같다.

$$m\frac{d\vec{v}}{dt} = \dot{\vec{p}}.$$

전체 방정식 꾸러미는 다음과 같이 된다.

$$\begin{aligned} \dot{p}_i &= F_i(\{r\}) \\ \dot{r}_i &= \frac{p_i}{m}. \end{aligned} \tag{3}$$

이 간단하고 우아한 방정식 꾸러미가 바로 정확하게 라플라스가 상상했던 자연의 법칙이었다. 위상 공간의 각 좌표에 대해 하나의 방정식이 있어 극소의 시간 간격 동안 어떻게 변화하는지를 알려 준다.

작용, 반작용, 그리고 운동량 보존

운동량 보존의 원리는 아직 우리가 공식화하지 않은 고전 역학의 추상적이고 일반적인 원리로부터 도출되는 심오한 결과이다. 하지만 뉴턴의 운동 제3법칙

모든 작용에는 크기가 같고 방향이 반대인 반작용이 존재한다.

로부터 기초적인 수준에서 이해할 수도 있다. 제3법칙에 대해 가장 쉽게 생각할 수 있는 방법은 우선 입자들이 짝을 지어 상호 작용한다고 가정하는 것이다. 입자 j는 다른 입자 i에 힘을 발휘하며, 임의의 입자에 작용하는 모든 힘은 다른 모든 입자들이 그 입자에 작용하는 힘의 합이다. 입자 j가 입자 i에 미치는 힘을 $\vec{f}_{ij}$라 표기하면, 입자 i에 작용하는 총 힘은 다음과 같다.

$$\vec{F}_i = \sum_j \vec{f}_{ij}. \tag{4}$$

좌변은 입자 i에 작용하는 총 힘을 나타내고 우변은 다른 모든 입자들이 i에 작용하는 힘의 합이다.

뉴턴의 작용-반작용의 법칙은 한 쌍의 입자들 사이의 힘 $\vec{f}_{ij}$에 관한 것이다. 이 법칙이 말하는 바는 간단하다. 입자 j가 입자 i에 작용하는 힘은 입자 i가 입자 j에 작용하는 힘과 크기가 같고 방향이 반대이다. 방정식으로 쓰자면 제3법칙은 모든 i, j에 대해

$$\vec{f}_{ij} = -\vec{f}_{ji} \tag{5}$$

가 된다. 식 (3)의 첫 식을 식 (4)에 대입하면 이런 식도 얻을 수 있다.

$$\dot{\vec{p}}_i = \sum_j \vec{f}_{ij}.$$

즉 어떤 입자의 운동량의 변화율은 다른 모든 입자가 작용하는 힘의 합이다. 이제 이 모든 방정식을 모아 총 운동량이 어떻게 변화하는지 알아보자.

$$\sum_i \dot{\vec{p}}_i = \sum_i \sum_j \vec{f}_{ij}.$$

이 방정식의 좌변은 모든 운동량의 변화율의 합, 즉 총 운동량의 변화율이다. 방정식의 우변은 0이다. 왜냐하면 우변을 풀어 쓸 때 각 쌍의 입자들은 각각 j가 i에 작용하는 힘과 i가 j에 작용하는 힘에 해당하는 2개의 항을 갖고 있기 때문이다. 작용-반작용의 법칙인 식 (5)에 따르면 이 항들은 상쇄된다. 따라서 다음 형태의 방정식만 남게 된다.

$$\frac{d}{dt}\sum_i \vec{p}_i = 0.$$

이 식은 정확하게 운동량 '보존'을 수학적으로 표현한 방정식이다. 고립된 계의 총 운동량은 결코 변하지 않는다.

p와 x의 $6N$차원 공간을 생각해 보자. 모든 점에는 전체 운동량의 집합이 명시되어 있어서 위상 공간 속의 모든 점은 (부분적으로) 총 운동량의 값으로 특정된다. 우리는 위상 공간 속으로 들어가 각 점에 총 운동량의 딱지를 붙일 수 있다. 이제 어떤 점에서 입자계를 출발시킨다고 생각해 보자. 시간이 지남에 따라 그 점은 위상 공간 속의 어떤 경로를 쓸고 지나간다. 그 경로 상의 모든 점은 똑같은 총 운동량 값의 딱지가 붙어 있다. 점이 총 운동량의 한 값에서 다른 값으로 뛰어넘는 경우는 결코 없다. 이것은 우리가 1강에서 설명했던 보존 법칙의 아이디어와 전적으로 비슷하다.

5강

에너지

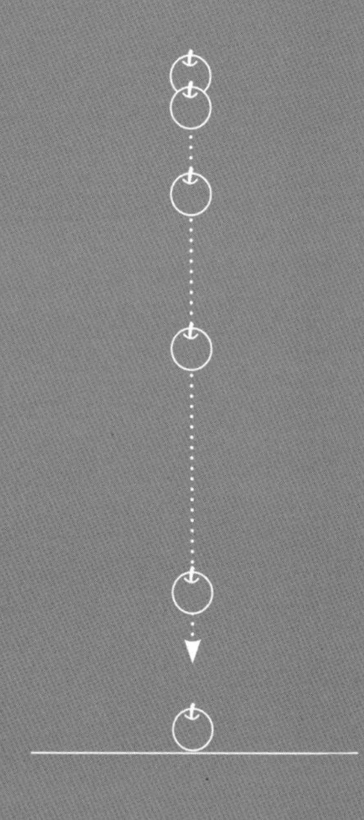

"어르신, 기관차 밑에서 뭘 찾고 계십니까?"

레니는 커다란 증기 기관차를 무척 좋아했다. 그래서 이따금씩 비번인 날엔 조지가 레니를 조차장에 데리고 갔다. 오늘 이들은 당황해하는 한 노인을 만났다. 마치 무언가를 잃어버린 듯이 보였다.

"이걸 끄는 말은 어디 있나?"

그 노인이 조지에게 물었다.

"그게 말이죠. 말은 필요가 없습니다. 이게 어떻게 작동하는지 보여 드릴게요.

여기 있는 이곳을 보세요."

조지가 손가락으로 가리키며 말했다.

"저건 석탄을 태워 화학 에너지를 끄집어내는 화실이에요. 그리고 그 바로 옆에 있는 이건 열로 물을 끓여 증기를 얻는 보일러구요. 증기압은 여기 이 통 안의 피스톤에 일을 합니다. 그러면 피스톤이 이 막대들을 밀어서 바퀴를 굴리게 되지요."

그 노인은 빙긋이 웃으며 조지와 악수를 하고는 제 갈 길을 갔다.

조지가 기관차를 설명하는 동안 레니는 옆에 비켜 서 있었다.

이제는 순전히 존경의 표정으로 조지에게 다가가 말했다.

"조지, 자네가 저 양반한테 설명하는 방식에 정말 반했다네. 그리고 난 그 모든 걸 다 이해했지. 화실, 보일러, 피스톤. 딱 한 가지는 이해를 못 했지만 말일세."

"그게 뭔가, 레니?"

"그게 말일세. 대체 말은 어디 있나?"

힘과 퍼텐셜 에너지

종종 많은 형태의 에너지(운동 에너지, 퍼텐셜 에너지, 열 에너지, 화학 에너지, 핵 에너지 등)가 있으며 그 모든 에너지의 총합은 보존된다고들 배운다. 하지만 그 모두를 입자의 운동으로 환원하면 고전 물리학에는 오직 두 형태의 에너지, 즉 운동 에너지와 퍼텐셜 에너지만 존재한다. 에너지 보존을 유도하는 최선의 방법은 형식적인 수학 원리로 바로 뛰어드는 것이다. 그리고 한 걸음 물러서서 그 의미를 살펴보면 된다.

기본 원리(퍼텐셜 에너지 원리라 부른다.)에 따르면 모든 힘은 퍼텐셜 에너지 함수로부터 유도된다. 퍼텐셜 에너지는 $V(\{x\})$로 표기한다. $\{x\}$는 계의 모든 입자의 전체 $3N$ 좌표(구성 공간)의 집합을 나타낸다. 이 원리를 알아보기 위해, 하나의 입자가 힘 $F(x)$의 영향 속에서 x 축을 따라 움직이는 가장 간단한 경우부터 시작해 보자. 퍼텐셜 에너지 원리에 따르면 입자에 작용하는 힘은 퍼텐셜 에너지 $V(x)$의 도함수와 관계가 있다.

$$F(x) = -\frac{dV(x)}{dx}. \tag{1}$$

1차원의 경우 퍼텐셜 에너지 원리는 사실 정확히 $V(x)$의 정의이다. 실제로 퍼텐셜 에너지는 식 (1)을 적분하면 힘으로부터 재구성할 수 있다.

$$V(x) = -\int F(x)dx. \tag{2}$$

식 (1)은 다음과 같이 생각할 수 있다. 힘은 언제나 입자를 더 낮은 퍼텐셜 에너지를 향해(음의 부호에 유의하라.) 미는 식으로 유도된다. 뿐만 아니라 $V(x)$가 더 가파를수록 힘은 더 강해진다. 표어로 요약하자면 이렇다.

힘은 여러분을 언덕 아래로 밀어 버린다.

퍼텐셜 에너지 그 자체는 보존되지 않는다. 입자가 움직임에 따라 $V(x)$가 변한다. 보존되는 양은 퍼텐셜 에너지와 운동 에너지의 합이다. 대충 말하자면 입자가 언덕을 굴러 내려오면(즉 입자가 더 낮은 퍼텐셜 에너지 쪽으로 움직이면) 속력이 빨라진다. 언덕을 굴러 올라가면 속력을 잃는다. 무언가는 보존된다.

운동 에너지는 입자의 속도 v와 질량 m으로 정의된다. 운동 에너지는 T로 표기하는데, 다음의 관계가 성립한다.

$$T = \frac{1}{2}mv^2.$$

입자의 총 에너지 E는 운동 에너지와 퍼텐셜 에너지의 합이다.

$$E = \frac{1}{2}mv^2 + V(x).$$

입자가 x 축을 따라 굴러가면 두 형태의 에너지 각각은 변하지만 언제나 그 합은 보존되는 방식으로 변한다. E의 시간 도함수가 0이라는 것을 보여서 이를 증명해 보자.

먼저 운동 에너지의 변화율을 계산해 보자. 질량은 상수라 간주하자. 하지만 v^2은 변한다. v^2의 시간 도함수는 다음과 같다.

$$\frac{dv^2}{dt} = 2v\frac{dv}{dt} = 2v\dot{v}. \tag{3}$$

> <u>연습 문제 1:</u> **식 (3)을 증명하라.** (힌트: 곱의 미분법을 사용하라.)

따라서 운동 에너지의 시간 도함수는 다음과 같다.

$$\dot{T} = mv\dot{v} = mva.$$

여기서 속도의 시간 도함수는 가속도로 바꾸었다.

다음으로 퍼텐셜 에너지의 변화율을 계산해 보자. 핵심은 x가 시간에 따라 변하기 때문에 $V(x)$도 시간에 따라 변한다는 사실을 깨닫는 것이다. 이것을 표현하는 공식은 다음과 같다.

$$\frac{dV}{dt} = \frac{dV}{dx}\frac{dx}{dt}.$$

(도함수를 분수로 생각해서 분모와 분자의 dx라는 인수가 상쇄된다고 생각해도 좋다.) 이 방정식을 달리 쓰는 방법은 $\frac{dx}{dt}$를 v로 바꾸는 것이다.

$$\frac{dV}{dt} = \frac{dV}{dx}v.$$

(V와 v를 혼동하지 않도록 조심하라.)

이제 총 에너지의 변화율을 계산할 수 있게 되었다.

$$\begin{aligned}\dot{E} &= \dot{T} + \dot{V} \\ &= mva + \frac{dV}{dx}v.\end{aligned}$$

각 항의 공통 인수 v를 밖으로 끄집어낼 수 있다.

$$\dot{E} = v\left(ma + \frac{dV}{dx}\right).$$

이제 괄호 안의 표현을 살펴보자. V의 도함수가 힘과 관계가 있다는 사실을 이용한다. 식 (1)의 음의 부호를 떠올려 보면 E의 변화율은 다음과 같이 주어진다는 것을 알 수 있다.

$$\dot{E} = v(ma - F(x)).$$

이제 에너지 보존을 증명하기 위해 필요한 것이 무엇인지 알게 되었다. 뉴턴의 법칙 $F = ma$가 정확하게 괄호 안의 인수가 0이 되는 조건이다. 다시 말해 총 에너지는 상수이다.

다차원 운동으로 넘어가기 전에 한 가지 알아야 할 점이 있다. 우리는 에너지가 보존된다는 것을 보였다. 그런데 이 경우에 운동량은 왜 보존되지 않는가? 어쨌든 앞장에서 우리는 고립된 입자계에 대해 뉴턴의 운동 제3법칙이 총 운동량 불변을 뜻한다는 것을 보이지 않았던가. 답은 이렇다. 우리가 무언가, 즉 1차원 물체에 힘을 작용하는 물체를 계 밖에다 놓아두었다는 것이다. 예를 들어 중력장 속에서 낙하하는 입자에 관한 문제라면, 그 중력장은 지구가 작용하는 것이다. 입자가 낙하하면 운동량은 변한다. 하지만 그 변화는 지구의 운동이 미세하게 변하는 것과 정확하게 상쇄된다.

1차원 이상에서의 에너지 보존 법칙

힘의 성분이 퍼텐셜 에너지의 도함수라는 것은 사실이지만 그것이 정의는 아니다. 우리가 고려해야 할 좌표가 하나 이상일 때 그렇다. 왜냐하면 공간은 하나 이상의 차원을 갖고 있기 때문이다.

또는 입자가 하나 이상이기 때문이거나, 또는 둘 다이기 때문이다. 퍼텐셜 에너지 함수를 미분해서 나오지 않는 힘의 법칙을 상상하는 것은 충분히 가능한 일이다. 하지만 자연에는 그러한 비보존력이 허용되지 않는다.

지금까지보다 조금 더 추상적으로 가 보자. 구성 공간의 좌표를 x_i라 하자. (구성 공간은 위치 공간과 똑같다는 것을 기억하라.) 지금은 첨자 i가 우리가 어떤 입자를 말하고 있는지 또는 공간의 어떤 방향인지를 뜻하지 않는다. i는 그 모든 가능성을 표현한다. 즉 N개 입자의 계에는 $3N$개의 i 값이 있다. 이것이 어디서 왔는지는 잊자. 우리는 단순하게 i로 딱지가 붙은 추상적인 좌표계를 생각하고 있다.

이제 운동 방정식을 써 보자.

$$m_i \ddot{x}_i = F_i(\{x\}). \tag{4}$$

각 좌표에 대해 질량 m_i와 힘의 성분 F_i가 있다. 힘의 각 성분은 모든 위치 $\{x\}$에 좌우될 수 있다.

1차원의 경우에는 식 (1)에서와 같이 퍼텐셜 에너지의 음의 도함수가 힘이라는 것을 알게 되었다. 이것은 힘에 대한 특별한 조건이 아니라 V의 정의였다. 하지만 1차원 이상에서는 조금 복잡해진다. 일단의 함수 $F_i(\{x\})$가 있다면 이 함수들을 모두 하나의 함수 $V(\{x\})$를 미분해서 유도할 수 있다는 것은 일반적으로 사실이 아니다. 만약 힘의 성분을 하나의 퍼텐셜 에너지 함수의 (편)미분으로 기술할 수 있다고 주장한다면 그것은 아주 새로운 원리일 것이다.

사실 이 원리는 가상적인 원리가 아니다. 물리학의 가장 중요한 원리 중 하나를 기초적인 수학으로 표현한 것이다.

임의의 계에 대해 다음을 만족하는 퍼텐셜 에너지가 존재한다.

$$F_i(\{x\}) = -\frac{\partial V(\{x\})}{\partial x_i}. \tag{5}$$

식 (5)는 어떤 자연의 법칙을 표현하고 있는가? 여러분은 아마 이미 에너지 보존을 생각했을 것이다. 실제 그런지 곧 보게 되겠지만 먼저 이것이 무슨 뜻인지 시각화해 보도록 하자.

각 점에서 높이 또는 고도를 나타내는 함수 $V(\{x\})$를 가진 지형을 그려 보자. 무엇보다, 식 (5)의 음의 부호는 힘이 언덕 아래 방향을 가리킨다는 것을 뜻한다. 또한 경사가 더 급한 방향을 따라 힘이 더 크다는 것을 말한다. 예를 들어 등고선 지도에서는 등고선을 따라 밀 때에는 힘이 들지 않는다. 힘은 등고선의 수직 방향을 가리킨다.

이제 돌아와서 에너지 보존을 유도해 보자. 이를 위해 식 (5)를 운동 방정식 (4)에 대입하면

$$m_i\ddot{x}_i = -\frac{\partial V(\{x\})}{\partial x_i}. \tag{6}$$

다음 단계는 식 (6)의 개별 방정식 각각에 그에 해당하는 속도 $\dot{x}_i$를 곱한 뒤 모두 더하는 것이다.

$$\sum_i m_i\dot{x}_i\ddot{x}_i = -\sum_i \dot{x}_i \frac{\partial V(\{x\})}{\partial x_i}. \tag{7}$$

이제 방정식의 양변을 1차원의 예에서 했던 것과 똑같은 방식으로 조작해 보자. 각 좌표의 모든 운동 에너지의 합을 운동 에너지라 정의한다.

$$T = \frac{1}{2}\sum_i m_i\dot{x}_i^2.$$

이제 식 (7)의 양변이 어떤 결과를 주는지 알아보자. 우선 좌변은 다음과 같다.

$$\sum_i m_i\dot{x}_i\ddot{x}_i = \frac{dT}{dt}.$$

그리고 이제 우변은 다음과 같다.

$$-\sum_i \dot{x}_i \frac{\partial V(\{x\})}{\partial x_i} = -\frac{dV}{dt}.$$

따라서 식 (7)은 다음과 같이 다시 쓸 수 있다.

$$\frac{dT}{dt} + \frac{dV}{dt} = 0. \tag{8}$$

1차원의 경우와 정확하게 똑같이 식 (8)은 총 에너지의 시간 도함수가 0이고 따라서 에너지가 보존된다는 것을 뜻한다.

상황이 어떻게 돌아가는지 한번 그려 보기 위해, 언덕 지형 위에 마찰 없이 굴러다니는 공이 있다고 생각해 보자. 공이 더 낮은 고도를 향해 굴러갈 때면 속력은 올라가고, 언덕을 굴러 올라가면 속력을 잃어버린다. 계산에 따르면 이런 일은 운동 에너지와 퍼텐셜 에너지의 합이 보존되는 특별한 방식으로 일어난다.

왜 자연의 힘은 항상 어느 함수의 도함수인가 하고 궁금해할지도 모르겠다. 다음 장에서 우리는 최소 작용의 원리를 이용해서 고전 역학을 다시 공식화할 것이다. 이 공식화 과정에서는 퍼텐셜 에너지 함수가 있다는 것이 아주 처음부터 '붙박이'되어 있다. 하지만 그렇다면 왜 최소 작용의 원리인가? 그 답은 궁극적으로 양자 역학의 법칙과 장론에서의 힘의 근원까지 추적해 들어가야 한다. 이 주제는 당분간 우리가 다룰 범위를 한참 벗어나 있다. 그렇다면 왜 양자장론인가? 어느 순간 우리는 포기하고 그것은 그냥 원래 그럴 뿐이라고 말해야만 한다. 그것이 아니라면, 포기하지 말고 계속 밀고 나가야 한다.

연습 문제 2: 2차원 (x, y) 공간 속의 한 입자를 생각해 보자. 이 입자는 질량 m을 갖고 있다. 퍼텐셜 에너지는 $V = \frac{1}{2}k(x^2 + y^2)$이다. 이 입자의 운동 방정식을 구하라. 원 궤도가 존재하며 모든 궤도는 주기가 똑같다는 것을 보여라. 총 에너지가 보존된다는 것을 명시적으로 보여라.

연습 문제 3: 퍼텐셜 에너지 $V = \frac{k}{2(x^2 + y^2)}$에 대해 연습 문제 2를 다시 풀어라. 원 궤도가 있는가? 만약 그렇다면 모두 주기가 똑같은가? 총 에너지는 보존되는가?

최소 작용의 원리로 넘어가기 전에 물리에서 이야기하는 서로 다른 종류의 에너지 목록을 몇 개 적어 보고, 어떻게 이 맥락에 끼워 맞추어지는지 돌아보고자 한다. 다음을 생각해 보자.

- 역학적 에너지
- 열 에너지
- 화학 에너지
- 원자/핵 에너지
- 정전기 에너지
- 자기 에너지

• 복사 에너지

전부는 아니더라도 이 중 몇몇 구분은 조금 낡았다. 역학적 에너지는 대개 행성이나 크레인이 들어 올리는 추와 같이 크고 가시적인 물체의 운동 에너지와 퍼텐셜 에너지를 일컫는다.

기체나 또는 다른 분자 집단 속에 포함된 열 에너지 또한 운동 에너지와 퍼텐셜 에너지이다. 차이점이 있다면 열 에너지는 너무나 많은 입자들의 크고 혼돈스러운 운동과 엮여 있기 때문에 우리는 그 세세한 부분을 따라갈 시도조차 하지 못한다. 화학 에너지 또한 특별한 경우이다. 화학 결합에 저장된 에너지는 분자를 만드는 구성 입자들의 퍼텐셜 에너지와 운동 에너지의 조합이다. 이것은 양자 역학이 고전 역학을 대체해야 하기 때문에 이해하기가 훨씬 더 어렵다. 하지만 그럼에도 불구하고 화학 에너지는 입자들의 퍼텐셜 에너지와 운동 에너지이다. 원자 에너지와 핵 에너지도 마찬가지이다.

정전기 에너지는 전기적으로 대전된 입자들 사이의 밀고 끄는 힘과 관련된 퍼텐셜 에너지의 다른 표현일 뿐이다. 사실 중력 에너지를 제외한다면 이 에너지는 일상의 고전적인 세상에서 퍼텐셜 에너지의 주된 형태이다. 원자와 분자 속에서 대전된 입자들 사이의 퍼텐셜 에너지이기 때문이다.

자기 에너지는 미묘하지만, 자석의 극들 사이의 힘은 퍼텐셜 에너지의 한 형태이다. 자석과 대전된 입자들 사이의 힘에 대해 생각해 보면 미묘한 문제가 생긴다. 대전된 입자에 작용하는 자기력은 속도 의존력으로 불리는 새로운 종류의 괴물이다. 이 책의 뒷부분에서 이 문제로 다시 돌아올 것이다.

마지막으로 전자기 복사에 저장된 에너지가 있다. 태양에서 오는 열의 형태를 띨 수도 있고, 라디오파, 레이저, 또는 다른 형태의 복사에 저장된 에너지일 수도 있다. 어떤 아주 일반적인 의미에서는 이것이 운동 에너지와 퍼텐셜 에너지의 조합이다. 하지만 입자의 에너지가 아니라 (어쨌든 우리가 양자장론으로 들어가기 전까지는) 장의 에너지이다. 그래서 전자기 에너지는 책의 뒷부분까지 미루어 둘 생각이다.

6강

최소 작용의 원리

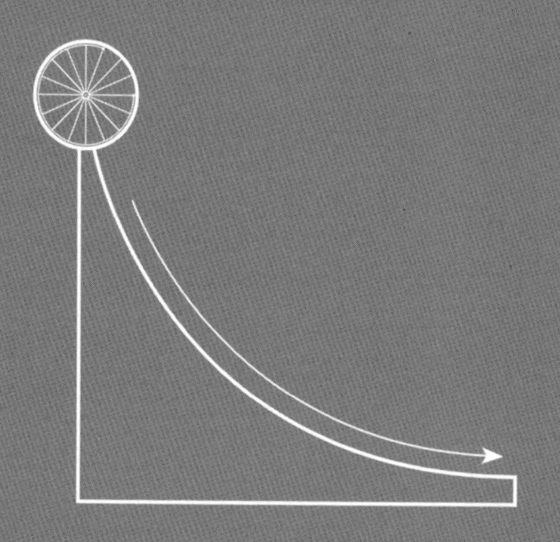

레니는 좌절감을 맛보았다. 그의 키나 힘을 생각해 보았을 때
좋은 신호는 아니었다. 그의 머리도 상처를 입었다.
"조지, 난 이 모든 걸 다 기억할 수 없어. 힘, 질량, 뉴턴의 방정식, 운동량, 에너지.
물리를 하기 위해서는 이딴 걸 암기할 필요가 없다고 내게 말하지 않았나?
딱 하나만 기억하면 되게 할 수는 없나?"
"좋아, 레니. 진정하라고. 간단히 정리할게.
작용은 언제나 정적이다. 이것만 기억하라고."

고등 역학으로의 전환

최소 작용의 원리(principle of least action, 사실은 정적인 작용의 원리)는 물리학의 고전 법칙에서 가장 간결한 형태이다. 이 단순한 규칙(한 줄로 쓸 수 있다.)이 모든 것을 요약한다! 고전 역학의 원리뿐만 아니라 전자기학, 일반 상대성 이론, 양자 역학, 화학에 대해 알고 있는 모든 것, 그리고 물질의 알려진 궁극적 구성 요소인 기본 입자에 이르기까지 그렇다.

고전 역학의 기본 문제를 일반적인 관점에서 살펴보는 것으로 시작해 보자. 이 문제는 계의 운동 방정식으로부터 그 궤적 또는 궤도를 결정하는 문제이다. 대개는 세 가지를 가정해서 이 문제를 표현한다. 입자들의 질량, 일단의 힘 $F(\{x\})$(또는 퍼텐셜 에너지의 공식), 초기 조건. 이 계는 좌표와 속도의 몇몇 값들로부터 시작해서 뉴턴의 운동 제2법칙에 따라 주어진 힘의 영향 하에 움직인다. 만약 총 N개의 좌표 $(x_1, x_2, \cdots, x_N)$이 있다면 초기 조건은 $2N$개의 위치와 속도를 지정하는 것으로 구성된다. 예를 들어 초기 시간 t_0에 우리는 위치 $\{x\}$와 속도 $\{\dot{x}\}$을 지정할 수 있고, 방정식을 풀어 나중 시간 t_1에 위치와 속도가 어떤 값일지 알아낼 수 있다. 이 과정에서 대개 우리는 t_0와 t_1 사이 전체 궤적을 결정할 수 있을 것이다. (그림 1을 보라.)

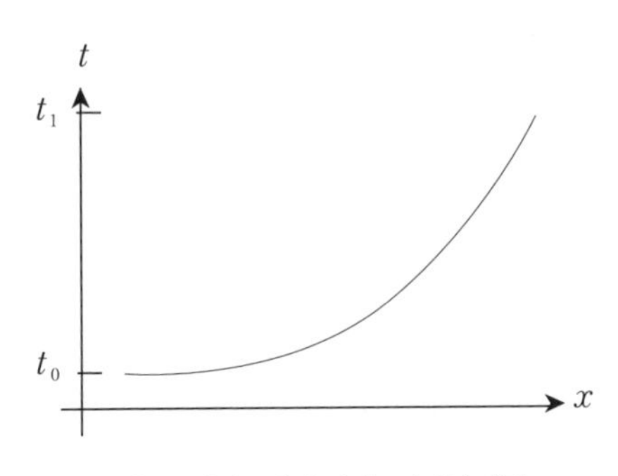

그림 1 시간 t_0에서 시간 t_1까지의 궤적.

하지만 우리는 고전 역학의 문제를 다른 방식으로 공식화할 수 있다. 이는 또한 $2N$개의 정보를 지정하는 것과 관련이 있다. 초기 위치와 속도를 제공하는 대신 초기 위치와 최종 위치를 제공하는 것이다. 이렇게 생각해 보자. 외야수가 (x_0 위치에서 t_0 시간에) 야구공을 던지려고 한다. 그리고 정확히 1.5초(t_1) 뒤에 2루(x_1)에 공이 도달하기를 원한다. 그 사이에 야구공은 어떻게 움직여야 할까. 이 경우 공의 초기 속도가 얼마가 되어야 하는지를 결정하는 것은 문제의 일부이다. 이런 식으로 문제를 제기할 때는 초기 속도가 입력 데이터의 일부가 아니다. 풀이의 일부이다.

시간-공간 그래프를 그려서 요점을 파악해 보자. (그림 2를 보라.) 가로축은 입자(또는 야구공)의 위치를 나타내고 세로축은 시간을 표시한다. 궤적의 시작과 끝은 시간-공간 그래프 위에서 한 쌍의 점이며 궤적 자체는 이 점을 연결하는 곡선이다.

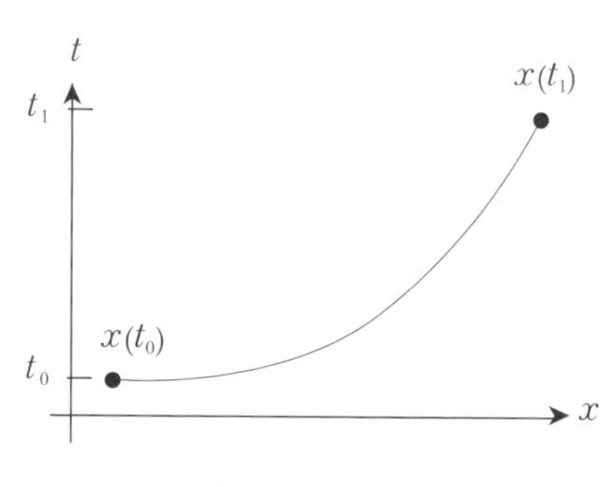

그림 2 야구공의 궤적.

운동의 문제를 제기하는 두 가지 방식은 공간에서 직선을 정하는 문제를 공식화하는 두 가지 방식과 비슷하다. 한 가지 방법은 원점에서 특정한 방향으로 시작하는 직선을 긋는 것이다. 이는 초기 위치와 초기 속도가 주어졌을 때의 궤적을 요구하는 것과 같다. 한편 2개의 특정한 점을 연결하는 직선을 그을 수도 있다. 이는 한 점에서 시작해 특정한 시간 이후 다른 점에 도달하는 궤적을 찾는 것과 같다. 이 방식에서의 문제는 어떤 시작점에서 다른 점을 관통해 지나도록 하기 위해 우리가 어떻게 직선을 겨냥해야 하는가를 묻는 것과 같다. 답은 이렇다. 두 점 사이의 최단 경로를 찾아라. 고전 역학의 문제에서 그 답은 정적인 작용의 경로를 찾는 것이다.

작용과 라그랑지안

작용의 원리를 공식화하다 보면 뉴턴의 방정식을 공식화할 때와 정확히 똑같은 변수들을 수반한다. 입자의 질량을 알아야 하고 퍼텐셜 에너지를 알아야 한다. 궤적에 대한 작용(action)이란 궤적의 시작점 t_0에서 궤적의 끝점 t_1까지의 적분이다. 일단 그 적분이 무엇인지 (아무런 동기 없이) 보여 주고 나서 그 적분을 최소화한 결과를 살펴볼 작정이다.♣ 우리는 뉴턴의 운동 방정식에서 끝날 것이다. 일단 그것이 어떻게 작동하는지 알게 되면 더 이상의 동기 부여는 불필요할 것이다. 만약 그것이 뉴턴의 방정식과 동등하다면 더 이상 어떤 동기 부여가 필요하단 말인가?

일반적인 논의를 하기 전에 직선 위를 움직이는 하나의 입자에 대한 아이디어를 한 가지 살펴보자. 시간 t에서 입자의 위치는 $x(t)$이고 속도는 $\dot{x}(t)$이다. 그렇다면 운동 에너지와 퍼텐셜 에너지는 각각 다음과 같이 쓸 수 있다.

$$T = \frac{1}{2}m\dot{x}^2$$
$$V = V(x).$$

궤적의 작용은 다음과 같다.

♣ 나는 최소화라는 용어를 썼는데, 왜냐하면 내가 아는 한 어떤 양을 정적으로 만든다는 것을 표현하는 동사가 없기 때문이다. 정적화(stationaryizing), 고정화(stationizing), 그리고 몇몇 다른 표현들을 시도해 보았으나 결국엔 포기하고 최소 작용의 경로를 선택했다. 하지만 최소 작용이란 실제로는 정적인 작용임을 기억하라.

$$
\begin{aligned}
A &= \int_{t_0}^{t_1} (T - V)dt \\
&= \int_{t_0}^{t_1} \left(\frac{1}{2} m\dot{x}^2 - V(x)\right)dt.
\end{aligned} \tag{1}
$$

여러분은 아마 식 (1)에 오타가 있다고 생각할지도 모르겠다. 에너지는 T와 V의 합이다. 하지만 적분은 둘의 차이를 수반하고 있다. 왜 합이 아니고 차인가? 여러분이 $T + V$로 유도해 보려 할 수도 있겠지만 잘못된 결과를 얻을 것이다. $T - V$라는 양은 계의 라그랑지안(Lagrangian)이라 부르며 L로 표기한다. L을 특정하기 위해서 알아야 할 것들은 (운동 에너지를 위한) 입자의 질량과 퍼텐셜 에너지 $V(x)$이다. 물론 이것이 뉴턴의 운동 방정식을 쓰기 위해 알아야 할 것들과 똑같다는 것은 우연이 아니다.

라그랑지안을 위치 x와 속도 $\dot{x}$의 함수로 생각해 보자. 퍼텐셜 에너지가 x에 의존하므로 라그랑지안은 위치의 함수이다. 그리고 운동 에너지가 $\dot{x}$에 의존하므로 라그랑지안은 속도의 함수이다. 따라서 이렇게 쓸 수 있다.

$$L = L(x, \dot{x}).$$

작용은 라그랑지안의 적분으로 다시 쓸 수 있다.

$$A = \int_{t_0}^{t_1} L(x, \dot{x})dt. \tag{2}$$

최소 작용의 원리는 매우 놀랍다. 입자가 모든 가능한 궤적을 느끼고 작용을 최소로(정적으로) 만드는 궤적 하나를 골라내는 초자연적인 능력을 가졌음에 틀림없는 것처럼, 거의 그렇게 보인다. 잠깐 멈추어서 우리가 무엇을 하고 있으며 어디로 가고 있는지 생각해 보자.

작용을 최소화하는 과정은 함수 최소화를 일반화한 것이다. 작용은 몇몇 변수의 평범한 함수가 아니다. 작용은 무한히 많은 변수들(모든 순간에서의 모든 좌표)에 좌우된다. 연속적인 궤적을 100만 개의 점으로 구성된 '스트로보 사진 같은' 궤적으로 대체한다고 상상해 보자. 각 점은 좌표 x로 특정되지만 전체 궤적은 100만 개의 x가 명시되어야만 특정될 수 있다. 작용은 전체 궤적의 함수라서, 100만 개의 변수의 함수이다. 작용을 최소화하는 일은 100만 개의 방정식과 엮여 있다.

시간은 실제로는 스트로보 사진이 아니다. 그리고 실제 궤적은 연속적으로 무한히 많은 수의 변수들의 함수이다. 달리 말하자면 궤적은 함수 $x(t)$로 특정되며 작용은 함수의 함수이다. 함수의 함수(전체 함수에 의존하는 어떤 양)를 범함수(functional)라 부른다. 범함수의 최소화는 변분법(calculus of variations)이라 불리는 수학 분야의 주제이다.

그렇기는 하지만 보통의 함수와는 다르다 하더라도 정적인 작용을 위한 조건은 함수의 정류점을 위한 조건과 대단히 비슷하다. 사실 막간 3의 식 (4)와 정확하게 똑같은 형태이다. 즉

$$\delta A = 0.$$

하지만 여기서의 변화는 단지 몇몇 좌표가 약간 이동하는 것이 아니라 전체 궤적의 모든 가능한 작은 변화이다.

이 강의의 뒷부분에서 작용을 최소화하는 방정식을 다룰 것이다. 그 방정식을 오일러–라그랑주 방정식(Euler–Lagrange equation)이라 부른다. 자유도가 하나인 경우 궤적을 따르는 각 점마다 하나의 방정식이 있다. 사실 그 방정식은 계가 한 순간에서 다음 순간으로 어떻게 움직이는지를 말해 주는 미분 방정식이다. 따라서 입자는 모든 미래의 궤적을 검증하는 초자연적인 힘을 갖지 않아도 된다. 적어도 뉴턴의 운동 방정식만 따르면 된다.

우리는 이 강의 뒷부분에서 오일러–라그랑주 방정식을 유도할 것이다. 여러분의 편의를 위해 방정식의 형태를 쓸 것이다. 여러분이 독립심 강한 타입이라면 직접 라그랑지안을 대입해 뉴턴의 운동 방정식을 유도할 수 있는지 확인해 보기 바란다. 이제 여기에 하나의 자유도에 대한 오일러–라그랑주 방정식이 있다.

$$\frac{d}{dt}\frac{\partial L}{\partial \dot{x}} - \frac{\partial L}{\partial x} = 0.$$

오일러–라그랑주 방정식의 유도

하나의 자유도에 대한 오일러–라그랑주 방정식을 유도할 수 있는지 살펴보자. 먼저 연속적인 시간을 스트로보 사진 같은 시간으로 대체해 보자. 매 순간은 정수 n으로 딱지를 붙일 수 있다. 이웃한 순간들 사이의 시간은 아주 작다. 이것을 Δt라고 하자. 작용은 적분이다. 하지만 언제나처럼 적분은 합의 극한이다. 이 경우 우리는 그 합이 일련의 순간들 사이의 간격에 대한 합으로 간주하고자 한다.

적분을 합으로 근사해서 대체하면 다음과 같다.

$$\int L dt = \sum L \Delta t$$

$$\dot{x} = \frac{x_{n+1} - x_n}{\Delta t}.$$

첫 번째 대체식은 그저 평범한 근사로서 적분을 불연속적인 항의 합으로 대체한 것이다. 각 항의 가중치는 작은 시간 간격 Δt이다. 두 번째 식 또한 비슷하다. 속도 $\dot{x}$을 이웃한 위치들 사이의 차이를 작은 시간 간격으로 나눈 값으로 대체한다.

마지막 바꿔치기는 약간 더 미묘하다. 우리는 이웃한 순간들 사이의 작은 간격들에 대한 합을 생각하고 있으므로 순간들 사이의 중간 지점에 대한 표현이 필요하다. 이것은 어렵지 않다. 그저 $x(t)$를 이웃한 순간들 사이의 평균 위치로 바꾸면 된다.

$$x(t) = \frac{x_n + x_{n+1}}{2}.$$

라그랑지안에서 $\dot{x}$이 나타나는 모든 곳에서 $\dot{x}$을 $\frac{x_{n+1}-x_n}{\Delta t}$으로 바꾸고, x가 등장하는 모든 곳에서 x를 $\frac{x_n+x_{n+1}}{2}$로 바꾸었음에 유의하라. 총 작용은 모든 증가분의 기여를 다 더하면 된다.

$$A=\sum_n L\left(\frac{x_{n+1}-x_n}{\Delta t}, \frac{x_n+x_{n+1}}{2}\right)\Delta t. \qquad (3)$$

나는 아주 명시적으로 작용을 그 성분들로 쪼개 놓았다. 값을 구하기 위해 거의 컴퓨터 프로그램을 쓴 것과도 같다.

이제 작용을 최소화하려고 한다. x_n 중 하나를 변화시켜 그 결과가 0과 같다고 놓으면 된다. 그중에 하나, 예컨대 x_8을 골라 보자. (다른 어떤 것을 골라도 마찬가지이다.) 아주 복잡해 보일지 몰라도 x_8은 식 (3)에서 단 2개의 항에서만 나온다. x_8을 포함하는 2개의 항은 다음과 같다.

$$A=L\left(\frac{x_9-x_8}{\Delta t}, \frac{x_8+x_9}{2}\right)\Delta t+$$
$$L\left(\frac{x_8-x_7}{\Delta t}, \frac{x_7+x_8}{2}\right)\Delta t.$$

이제 x_8에 대해서 미분을 하기만 하면 된다. x_8의 각 항은 두 가지 방식, 속도에 의존하는 항과 위치에 의존하는 항으로 나타난다는 점에 유의하라. A의 x_8에 대한 미분은 다음과 같다.

$$\frac{\partial A}{\partial x_8}=\frac{1}{\Delta t}\left(-\left.\frac{\partial L}{\partial \dot{x}}\right|_{n=9}+\left.\frac{\partial L}{\partial \dot{x}}\right|_{n=8}\right)+$$

$$\frac{1}{2}\left(\left.\frac{\partial L}{\partial x}\right|_{n=8}+\left.\frac{\partial L}{\partial x}\right|_{n=9}\right).$$

$|_{n=8}$ 기호는 불연속적인 시간 $n=8$에서 함수를 계산하라는 지시 사항이다.

x_8의 변화에 대해 작용을 최소화하려면 $\frac{dA}{dx}$가 0과 같다고 놓으면 된다. 하지만 그 이전에 Δt가 0으로 가는 극한에서 $\frac{dA}{dx}$에 무슨 일이 벌어지는지 알아보자. 첫째 항부터 시작해 보자.

$$\frac{1}{\Delta t}\left(-\left.\frac{\partial L}{\partial \dot{x}}\right|_{n=9}+\left.\frac{\partial L}{\partial \dot{x}}\right|_{n=8}\right).$$

이것은 2개의 이웃한 시간, $n=8$과 $n=9$에서 계산한 양 사이의 차이를 그 사이의 작은 시간 간격으로 나눈 형태이다. 이는 명확히 도함수가 될 것이다. 즉 다음과 같이 된다.

$$\frac{1}{\Delta t}\left(-\left.\frac{\partial L}{\partial \dot{x}}\right|_{n=9}+\left.\frac{\partial L}{\partial \dot{x}}\right|_{n=8}\right)\longrightarrow-\frac{d}{dt}\frac{\partial L}{\partial \dot{x}}.$$

둘째 항인

$$\frac{1}{2}\left(\left.\frac{\partial L}{\partial x}\right|_{n=8}+\left.\frac{\partial L}{\partial x}\right|_{n=9}\right)$$

또한 극한이 단순하다. 이것은 이웃한 시간에서 계산한 $\frac{\partial L}{\partial x}$의 합의 절반이다. 두 점 사이의 간격이 0으로 줄어들어 그냥 $\frac{\partial L}{\partial x}$를 얻는다.

이제 $\frac{\partial A}{\partial x_8} = 0$이라는 조건은 오일러-라그랑주 방정식이 된다.

$$\frac{d}{dt}\frac{\partial L}{\partial \dot{x}} - \frac{\partial L}{\partial x} = 0. \tag{4}$$

연습 문제 1: 식 (4)는 뉴턴의 운동 방정식 $F = ma$의 또 다른 형태에 지나지 않다는 것을 보여라.

자유도가 많을 때에도 유도 과정은 근본적으로 똑같다. 각 좌표 x_i마다 오일러-라그랑주 방정식이 있다.

$$\frac{d}{dt}\frac{\partial L}{\partial \dot{x}_i} - \frac{\partial L}{\partial x_i} = 0.$$

이 유도 과정이 보여 주듯이 입자가 어느 길로 갈지 결정하기 전에 전체 경로를 느끼는 능력과 결부된 그 어떤 마술도 없다. 궤적을 따라가는 각각의 단계에서 입자는 그 시간에서의 점과 이웃한 점 사이의 작용을 최소화하기만 하면 된다. 최소 작용의 원리는 각각의 순간에서 바로 다음 순간의 미래를 결정하는 미분 방정식이 될 뿐이다.

더 많은 입자와 더 많은 차원

x_i로 이름 붙인 좌표가 모두 다해서 N개 있다고 하자. 계의 운동은 N 원 공간 속의 궤적 또는 궤도로 기술된다. 훨씬 더 좋은 기술 방법은 시간을 더해서 $N+1$차원 속을 지나가는 궤도를 생각하는 것이다. 궤적의 시작점은 $x_i(t_0)$라는 점들의 집합이고 끝점은 $x_i(t_1)$라는 또 다른 점들의 집합이다. 모든 좌표를 시간의 함수 $x_i(t)$로 주면 $N+1$차원 공간 속의 궤도가 기술된다.

자유도가 더 많을 때의 최소 작용의 원리는 자유도가 단지 하나인 경우와 근본적으로 다르지 않다. 라그랑지안은 운동 에너지와 퍼텐셜 에너지의 차이이다.

$$L = \sum_i \left(\frac{1}{2} m_i \dot{x}_i^2\right) - V(\{x\}).$$

작용 또한 전과 정확히 똑같아서 라그랑지안의 적분이다.

$$A = \int_{t_0}^{t_1} L(\{x\}, \{\dot{x}\}) dt. \tag{5}$$

그리고 최소(정적인) 작용의 원리는 궤적이 이 작용을 최소화한다는 것이다.

변수가 많을 때는 궤적을 많은 방식으로 변화시킬 수 있다.

예를 들어 $x_1(t)$나 $x_2(t)$, 또는 기타 등등을 변화시킬 수 있다. 이것은 다변수 함수를 최소화하는 것과 같다. 각각의 변수에 대해 방정식이 존재한다. 오일러-라그랑주 방정식에 대해서도 똑같이 마찬가지이다. 각각의 변수 x_i에 대해 하나의 오일러-라그랑주 방정식이 존재한다. 각각은 일반적으로 식 (4)와 똑같은 형태를 띠고 있다.

$$\frac{d}{dt}\left(\frac{\partial L}{\partial \dot{x}_i}\right) = \frac{\partial L}{\partial x_i}. \qquad (6)$$

연습 문제 2: 식 (6)은 뉴턴의 운동 방정식 $F_i = m_i \ddot{x}_i$의 또 다른 형태에 지나지 않음을 보여라.

최소 작용의 원리의 활용

최소 작용의 원리를 이용하는 데는 두 가지 중요한 이유가 있다. 첫째, 계에 관한 모든 것을 아주 간결한 방식으로 포장한다. 모든 변수들(질량, 힘 등), 그리고 모든 운동 방정식들이 단 하나의 함수 라그랑지안에 포장되어 있다. 일단 라그랑지안을 알고 초기 조건만 명시하면 끝이다. 이것은 진정한 도약이다. 하나의 함수가 임의로 많은 자유도를 가진 움직임을 요약하고 있다니. 후속 책에서 여러분은 모든 이론(맥스웰의 전기 동역학 이론, 아인슈타인의 상대성 이론, 기본 입자의 표준 모형)이 각각 라그랑지안으로 기술됨을 알게 될 것이다.

최소 작용의 원리를 이용하는 두 번째 이유는 역학을 라그랑지안으로 공식화하는 것이 실질적으로 이득이기 때문이다. 예를 통해 살펴보자. 우리가 뉴턴의 방정식을 어떤 다른 좌표에서 또는 움직이거나 가속하고 있는 어떤 좌표계에서 쓰고자 한다고 가정해 보자.

정지해 있는 어떤 사람의 관점에서 뉴턴의 법칙을 만족하는 1차원 속의 입자의 경우를 생각해 보자. 정지해 있는 물리학자 레니는 이 물체의 위치를 정하기 위해 좌표 x를 사용한다.

두 번째 물리학자 조지는 레니에 대해 움직이고 있다. 조지는 자기 자신의 좌표계에 대해 이 물체를 어떻게 기술할 것인지를 알고 싶어 한다. 우선 조지의 좌표계라고 말하는 것이 무슨 의미인가? 조지는 레니에 대해 움직이고 있기 때문에 조지의 좌표계의 원점은 레니의 원점에 대해 움직인다. 이것은 레니의 x에서 조지의 좌표계 X로 좌표를 바꿈으로써 쉽게 기술된다.

어떻게 하는지 여기서 살펴보자. 임의의 시간 t에 레니는 조지의 원점을 $x + f(t)$로 위치 짓는다. 여기서 f는 조지가 레니에 대해 어떻게 움직이는지를 기술하는 어떤 함수이다. 레니가 좌표 x를 부여한 사건(시간 t에서)에 대해 조지는 좌표 X를 부여한다. 여기서 X는

$$X = x - f(t).$$

레니 입장에서 한 입자가 $x(t)$라는 궤적을 따라 움직이는 것을 볼 때, 조지는 똑같은 입자가 $X = x(t) - f(t)$의 궤적을 따라 움직이는 것을 보게 된다. 만약 조지가 레니에게 궤적이 무엇인지를 계속 묻기를 원하지 않는다면 조지는 자신의 좌표에서 그 입자를 기술하는 자신의 운동 법칙을 원할 것이다. 가장 쉬운 방법은 운동 방정식을 하나의 좌표계에서 다른 좌표계로 변환하는 것이고 이는 최소 작용의 원리, 즉 오일러-라그랑주 방정식을 쓰면 된다.

레니에 따르면 궤적의 작용은

$$A = \int_{t_0}^{t_1} \left(\frac{1}{2} m \dot{x}^2 - V(x) \right) dt. \qquad (7)$$

하지만 우리는 이 작용을 조지의 좌표로 또한 쓸 수 있다. $\dot{x}$을 $\dot{X}$으로 표현하기만 하면 된다.

$$\dot{x} = \dot{X} + \dot{f}.$$

따라서 이것을 식 (7)에 대입하면

$$A = \int_{t_0}^{t_1} \frac{1}{2} m \left(\dot{X} + \dot{f} \right)^2 - V(x) dt$$

를 얻는다. 퍼텐셜 에너지 $V(X)$는 그 물체의 위치에서 계산된 값으로, 레니가 사용하는 퍼텐셜 에너지지만 조지의 좌표로 표현되었다는 것을 뜻할 뿐이다. 같은 위치이지만 딱지만 다르다. 이제 우리는 X 좌표계에서의 라그랑지안을 알게 되었다.

$$L = \frac{1}{2}m(\dot{X} + \dot{f})^2 - V(X).$$

여기서 제곱을 전개하면 다음과 같다.

$$L = \frac{1}{2}m\left(\dot{X}^2 + 2\dot{X}\dot{f} + \dot{f}^2\right) - V(X). \qquad (8)$$

조지는 식 (8)로 뭘 할 수 있을까? 조지는 오일러-라그랑주 방정식을 쓴다. 그 결과는 다음과 같다.

$$m\ddot{X} + m\ddot{f} = -\frac{dV}{dX}.$$

약간 정리하면 다음과 같다.

$$m\ddot{X} = -\frac{dV}{dX} - m\ddot{f}.$$

이 결과는 전혀 놀랍지 않다. 조지는 이 물체에 작용하는 부가적인, '가짜' 힘을 보게 된다. 이는 $-m\ddot{f}$과 같다. 재미있는 것은 그 과정이다. 운동 방정식을 변환하는 대신 우리는 라그랑지안에서 곧바로 계산했다.

또 다른 예를 들어 보자. 이번에는 조지가 회전하는 회전 목마 위에 있다. 레니의 좌표는 x와 y이다. 조지의 좌표계는 X와 Y이다. 이 좌표계는 회전 목마와 함께 돌고 있다.

여기 두 좌표계 사이의 관계가 있다.

$$\begin{aligned} x &= X \cos \omega t + Y \sin \omega t \\ y &= - X \sin \omega t + Y \cos \omega t. \end{aligned} \tag{9}$$

두 관측자는 입자가 평면 위에서 움직이는 것을 본다. 레니는 입자가 그에 작용하는 힘 없이 운동하는 것을 관측한다. 레니는 라그랑지안으로 최소 작용의 원리를 써서 운동을 기술한다.

$$L = \frac{m}{2}(\dot{x}^2 + \dot{y}^2). \tag{10}$$

우리가 원하는 것은 작용을 조지의 회전하는 좌표계에서 표현하고 그 다음 오일러-라그랑주 방정식을 이용해서 운동 방정식을 알아내는 것이다. 우리는 이미 레니의 좌표계에서의 작용을 알고 있으므로 조지의 변수를 써서 조지의 좌표계에서 속도를 표현하기만 하면 된다. 단지 식 (9)를 시간에 대해서 미분하기만 하면 된다.

$$\dot{x} = \dot{X}\cos\omega t - \omega X\sin\omega t + \dot{Y}\sin\omega t$$
$$+ \omega Y\cos\omega t$$
$$\dot{y} = -\dot{X}\sin\omega t - \omega X\cos\omega t + \dot{Y}\cos\omega t$$
$$-\omega Y\sin\omega t.$$

$\sin^2\theta + \cos^2\theta = 1$을 이용해서 계산하면 $\dot{x}^2 + \dot{y}^2$에 대해

$$\dot{x}^2 + \dot{y}^2 = \dot{X}^2 + \dot{Y}^2 + \omega^2(X^2 + Y^2) + 2\omega(\dot{X}Y - \dot{Y}X) \tag{11}$$

를 얻는다. 이제 식 (11)을 레니의 라그랑지안인 식 (10)에 대입해서 조지의 라그랑지안을 얻기만 하면 된다. 조지의 좌표에서 표현한 것만 말고는 똑같은 라그랑지안이다.

$$L = \frac{m}{2}(\dot{X}^2 + \dot{Y}^2) + \frac{m\omega^2}{2}(X^2 + Y^2) + m\omega(\dot{X}Y - \dot{Y}X). \tag{12}$$

여기서 여러 항들을 살펴보자. 첫째 항 $\frac{m}{2}(\dot{X}^2 + \dot{Y}^2)$은 익숙하다. 이것은 정확히 조지가 운동 에너지라고 부르는 항이다. 만약 각속도가 0이라면 이 항만 남을 것이다. 다음 항인 $\frac{m\omega^2}{2}(X^2 + Y^2)$은 회전에 의한 무언가 새로운 항이다. 조지에게는 퍼텐셜 에너지처럼 보인다.

$$V = -\frac{m\omega^2}{2}(X^2 + Y^2).$$

이것은 회전 중심에서의 거리에 비례하는 힘이 바깥쪽으로 생성된다는 사실을 쉽게 보일 수 있다.

$$F = m\omega^2 \vec{r}.$$

이 힘은 원심력에 다름 아니다.

식 (12)의 마지막 항은 약간 덜 익숙하다. 이것은 코리올리 힘(Coriolis force)이라 부른다. 이것이 어떻게 작용하는지 보기 위해 오일러-라그랑주 방정식을 풀어 보자. 그 결과는 다음과 같다.

$$m\ddot{X} = m\omega^2 X - 2m\omega\dot{Y}$$
$$m\ddot{Y} = m\omega^2 Y + 2m\omega\dot{X}.$$

이것은 원심력과 코리올리 힘이 있는 뉴턴의 방정식과 정확하게 똑같아 보인다. 힘의 법칙에 무언가 새로운 형태가 있음에 유의하라. 코리올리 힘의 성분

$$F_X = -2m\omega\dot{Y}$$
$$F_Y = 2m\omega\dot{X}$$

은 입자의 위치뿐만 아니라 그 속도에도 관계한다. 코리올리 힘은 속도에 의존하는 힘이다.

연습 문제 3: 오일러-라그랑주 방정식을 써서 식 (12)의 라그랑지안의 운동 방정식을 유도하라.

이 연습 문제의 중요한 점은 원심력과 코리올리 힘을 유도하는 것이라기보다 단순히 새로운 좌표계에서 라그랑지안을 다시 써서 한 좌표계에서 다른 좌표계로 역학 문제를 어떻게 변환하는지를 보여 주는 것이다. 이것은 단연 가장 손쉽게 좌표를 변환하는 방법이다. 뉴턴의 방정식을 직접 변환하려고 하는 것보다 훨씬 더 쉽다.

또 다른 예는 조지의 방정식을 극 좌표로 변환하는 것이다. 이는 여러분을 위해 남겨 둘 것이다.

$$X = R\cos\theta$$
$$Y = R\sin\theta.$$

연습 문제 4: 극 좌표에서 조지의 라그랑지안과 오일러-라그랑주 방정식을 계산하라.

일반화된 좌표와 운동량

데카르트 좌표계에 대해서는 사실상 아주 일반적일 것이 없다. 어떤 역학계를 표현하기 위해 우리가 선택할 수 있는 좌표계는 많다. 예를 들어 구 표면, 예컨대 지구 표면 위에서 움직이는 물체의 운동을 연구한다고 가정해 보자. 데카르트 좌표계는 그다지 쓸모가 없다. 2개의 각, 위도와 경도가 자연스러운 좌표이다. 언덕진 지형처럼 일반적으로 굽은 면에서 굴러다니는 물체는 훨씬 더 일반적이다. 이런 경우 어떤 특별한 좌표계가 없을지도 모른다. 그 때문에 고전 역학의 방정식을 어떤 좌표계에서도 적용되는 일반적인 방식으로 구축하는 것이 중요하다.

일반적인 좌표계에서 계를 명시하는 추상적인 문제를 생각해 보자. 대개 x_i 표기법은 데카르트 좌표계를 위한 것이다. 일반적인 좌표계를 위한 표기법은 q_i이다. q_i는 데카르트 좌표계, 또는 극 좌표계, 또는 우리가 생각할 수 있는 그 외 임의의 좌표계일 수도 있다.

또한 속도를 명시할 필요가 있다. 추상화된 상황에서의 속도는 일반화된 좌표 q_i의 시간 도함수를 뜻한다. 초기 조건은 일반화된 좌표와 속도 $(q_i, \dot{q}_i)$의 집합으로 구성된다.

일반화된 좌표계에서는 운동 방정식이 복잡할 수도 있다. 하지만 최소 작용의 원리는 항상 적용된다. 고전 물리학의 모든 계는(심지어 파동이나 장들도) 라그랑지안으로 기술된다. 가끔 라그랑지안은 어떤 기존 지식으로부터 계산된다. 예를 들면 레니의 라그랑지안을 알고서 조지의 라그랑지안을 계산하는 것이다. 때로는 어떤 이론적 편향이나 원리에 기초해서 라그랑지안을 생각해 내기도 하고, 때로는 실험에서 유도하기도 한다. 하지만 라그랑지안을 어떻게 얻든 간에, 라그랑지안은 하나의 단순한 꾸러미에 모든 운동 방정식을 깔끔하게 요약하고 있다.

왜 모든 계는 최소 작용의 원리와 라그랑지안으로 기술되는 것일까? 이는 쉽지 않은 문제지만, 그 이유는 고전 역학의 양자적 기원과 아주 깊은 관련이 있다. 또한 에너지 보존과도 밀접한 관련이 있다. 지금으로서는 고전 역학의 모든 알려진 계가 최소 작용의 원리로 기술될 수 있다는 점을 그냥 주어진 것으로 받아들이고자 한다.

라그랑지안은 언제나 좌표와 속도의 함수 $L = L(q_i, \dot{q}_i)$이며, 최소 작용의 원리는 언제나 다음과 같이 표현된다.

$$\delta A = \delta \int_{t_0}^{t_1} L(q_i, \dot{q}_i) dt = 0.$$

이는 방정식이 오일러-라그랑주 방정식의 형태라는 것을 뜻한다. 이제 여기 가장 일반적인 형태의 고전적인 운동 방정식이 있다. 각각의 q_i에 대해 다음의 관계가 성립한다.

$$\frac{d}{dt}\left(\frac{\partial L}{\partial \dot{q}_i}\right) = \frac{\partial L}{\partial q_i} \tag{13}$$

라는 방정식이 존재한다. 모든 고전 물리학은 간단히 말해 이것이 전부다! q_i가 무엇인지 알고 라그랑지안이 무엇인지 안다면 모두 다 가진 것이다.

식 (13)의 양변을 조금 더 자세히 살펴보자. $\frac{\partial L}{\partial \dot{q}_i}$이라는 표현부터 시작해 보자. 잠시 q_i가 입자에 대한 보통의 데카르트 좌표이고 L이 보통의 운동 에너지와 퍼텐셜 에너지의 차이라고 가정해 보자. 이 경우 라그랑지안은 $\frac{m}{2}\dot{x}^2$을 포함할 것이고 그래서 $\frac{\partial L}{\partial \dot{q}_i}$은 단지 $m\dot{x}$, 즉 x 방향으로의 운동량 성분일 뿐이다. 그래서 우리는 $\frac{\partial L}{\partial \dot{q}_i}$을 q_i의 켤레가 되는 일반화된 운동량 또는 간단히 q_i에 대한 켤레 운동량이라 부른다.

켤레 운동량이라는 개념은 운동량이 질량과 속도의 곱이라는 간단한 사례를 넘어서는 개념이다. 라그랑지안에 따라 켤레 운동량은 여러분이 알아차릴 수 있는 그 어떤 것이 아닐 수도 있지만, 언제나

$$p_i = \frac{\partial L}{\partial \dot{q}_i}$$

으로 정의된다. 일반화된 운동량은 p_i로 표기한다.

이 정의에 따르면 오일러-라그랑주 방정식은 다음과 같다.

$$\frac{dp_i}{dt} = \frac{\partial L}{\partial q_i}.$$

극 좌표에서의 입자를 시작으로 몇 가지 예를 들어 보자. 이 경우 q_i는 반지름 r와 각도 θ이다. 연습 문제 4의 결과를 이용하면 라그랑지안은 다음과 같다.

$$L = \frac{m}{2}(\dot{r}^2 + r^2\dot{\theta}^2).$$

r에 대한 일반화된 켤레 운동량(r 운동량)은

$$p_r = \frac{\partial L}{\partial \dot{r}} = m\dot{r}$$

이며 이에 대응되는 운동 방정식은 다음과 같다.

$$\frac{dp_r}{dt} = \frac{\partial L}{\partial r} = mr\dot{\theta}^2.$$

$\dot{p}_r = m\ddot{r}$ 을 이용하고 양변에서 m을 상쇄시키면 이 방정식은 다음과 같이 쓸 수 있다.

$$\ddot{r} = r\dot{\theta}^2.$$

θ에 대한 운동 방정식은 특별히 흥미롭다. 먼저 θ의 켤레 운동량을 생각해 보자.

$$p_\theta = \frac{\partial L}{\partial \dot{\theta}} = mr^2 \dot{\theta}.$$

이 양에 익숙해져야 한다. 이것은 입자의 각운동량(angular momentum)이라 불린다. 각운동량과 p_θ는 정확히 똑같은 것이다.

이제 θ에 대한 운동 방정식을 생각해 보자. θ 자체는 라그랑지안에 등장하지 않으므로 우변이 없다. 그래서

$$\frac{dp_\theta}{dt} = 0 \tag{14}$$

을 얻는다. 즉 각운동량이 보존된다. 식 (14)를 다르게 쓰면

$$\frac{d}{dt}\left(mr^2 \dot{\theta}\right) = 0 \tag{15}$$

이고, 여기서 $r^2 \dot{\theta}$이 상수임을 알 수 있다. 이 때문에 입자가 원점에 가까워지면 각속도가 증가한다.

연습 문제 5: 이 결과들을 이용해서 길이 l인 진자의 운동을 예측하라.

순환 좌표

방금 보았듯이 어떤 좌표는 라그랑지안에서 나타나지 않는다. 비록 그 속도는 드러나더라도 말이다. 그런 좌표를 순환이라고 부

른다. (왜 그런지는 모른다.)

우리가 아는 것은 순환 좌표의 값을 이동하더라도 라그랑지안은 변화하지 않는다는 것이다. 좌표가 순환일 때마다 그것의 켤레 운동량은 보존된다. 각운동량이 한 예이다. 또 다른 예는 보통의 (선형) 운동량이다. 다음과 같은 라그랑지안을 가진 한 입자의 경우를 생각해 보자.

$$L = \frac{m}{2}(\dot{x}^2 + \dot{y}^2 + \dot{z}^2).$$

라그랑지안에는 그 어떤 좌표도 나타나지 않는다. 그래서 좌표들은 모두 순환이다. 다시 말하지만 그 좌표들에 대해서는 특별히 순환하는 무언가가 없다. 단지 용어일 뿐이다. 따라서 운동량의 모든 성분이 보존된다. 만약 좌표에 의존하는 퍼텐셜 에너지가 있다면 이것은 사실이 아닐 것이다.

또 다른 경우를 들어 보자. 직선 위의 두 입자가 자기들 사이의 거리에 의존하는 퍼텐셜 에너지를 갖고 움직이는 경우이다. 간단히 하기 위해 질량이 같다고 할 것이다. 하지만 이 경우에 대해 특별할 것은 없다. 두 입자의 위치를 x_1과 x_2라 하자. 라그랑지안은 이렇게 된다.

$$L = \frac{m}{2}(\dot{x}_1^2 + \dot{x}_2^2) - V(x_1 - x_2). \qquad (16)$$

이제 라그랑지안은 x_1과 x_2 모두에 의존한다. 그래서 둘 중 어느 것도 순환이 아니다. 어느 운동량도 보존되지 않는다.

하지만 한 가지 중요한 점이 빠졌다. 좌표를 바꾸어 보자. x_+와 x_-를

$$x_+ = \frac{(x_1 + x_2)}{2}$$

$$x_- = \frac{(x_1 - x_2)}{2}$$

라 정의한다. 라그랑지안은 쉽게 다시 쓸 수 있다. 운동 에너지는 다음과 같이 된다.

$$T = m(\dot{x}_+^{\,2} + \dot{x}_-^{\,2}).$$

연습 문제 6: 이것을 어떻게 유도했는지 설명하라.

중요한 점은 퍼텐셜 에너지가 오직 x_-에만 의존한다는 점이다. 이제 라그랑지안은

$$L = m(\dot{x}_+^{\,2} + \dot{x}_-^{\,2}) - V(x_-).$$

즉 숨겨진 순환 좌표, x_+가 있었다. 이것은 x_+의 켤레 운동량(p_+

라 부르자.)이 보존된다는 것을 뜻한다. p_+는 다름 아닌 총 운동량이라는 사실을 쉽게 보일 수 있다.

$$p_+ = 2m\dot{x}_+ = m\dot{x}_1 + m\dot{x}_2.$$

다음 강의에서 우리가 다룰 진짜 요점은 순환 좌표라기보다는 대칭성이다.

✳ 7강 ✳

대칭성과 보존 법칙

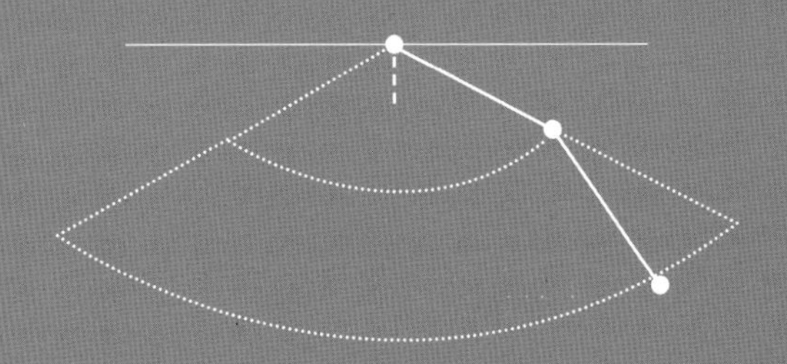

레니는 지도를 읽느라 애먹었다.

자신이 보는 방향마다 언제나 북쪽인 것처럼 보였다.

레니는 왜 위아래보다 동서남북에 더 애를 먹는지 궁금했다.

위아래라면 거의 언제나 틀리지 않았을 텐데 말이다.

시작하며

대칭성(symmetry)과 보존 법칙 사이의 관계는 현대 물리학의 중요한 큰 주제 중 하나이다. 간단한 계에 대한 보존 법칙의 사례를 몇 개 살펴보는 것부터 시작하고자 한다. 먼저 어떤 양들은 보존된다는 사실이 다소 우연인 것처럼 보인다. 심오한 원리의 산물은 별로 아닌 것 같다. 우리의 진짜 목적은 우연히 보존되는 양을 확인하는 것이 아니라 무언가 더 심오한 것과 연결되는 일련의 원리를 확인하는 것이다.

6강의 끝부분에서 공부했던 식 (16)의 계로 시작해 보자. 하지만 직선 위를 움직이는 입자라는 해석으로부터는 자유롭게 해줄 작정이다. 이것은 2개의 좌표를 가진 어떤 계일 수도 있다. 입자, 장, 회전하는 강체, 또는 그 무엇이든 상관없다. 조금 더 넓은 맥락의 계임을 강조하기 위해 좌표를 x 대신 q라 하고 비슷한 형태(아주 똑같지는 않다.)의 라그랑지안을 써 보자.

$$L = \frac{1}{2}(\dot{q}_1^2 + \dot{q}_2^2) - V(q_1 - q_2). \qquad (1)$$

퍼텐셜 에너지 V는 변수들의 조합, 즉 $q_1 - q_2$의 함수이다. V의 도함수를 V'이라 표기하자. 여기 운동 방정식이 있다.

$$\dot{p}_1 = -V'(q_1 - q_2)$$
$$\dot{p}_2 = +V'(q_1 - q_2). \tag{2}$$

연습 문제 1: 식 (2)를 유도하고 부호의 차이를 설명하라.

이제 두 식을 함께 더하면 $p_1 + p_2$는 보존된다는 것을 알 수 있다.

다음으로 조금 더 복잡한 것을 해 보자. V가 $q_1 - q_2$의 함수인 대신 q_1과 q_2의 일반적인 선형 조합의 함수라 하자. 그 조합을 $(aq_1 - bq_2)$라 하자. 그러면 V의 형태는 다음과 같다.

$$V(q_1, q_2) = V(aq_1 - bq_2). \tag{3}$$

이 경우 운동 방정식은 다음과 같다.

$$\dot{p}_1 = -aV'(aq_1 - bq_2)$$
$$\dot{p}_2 = +bV'(aq_1 - bq_2).$$

이렇게 보면 보존 법칙이 깨지는 것 같다. 두 식을 더해도 $p_1 + p_2$가 보존되지 않는다.

하지만 보존 법칙이 깨진 것은 아니다. 약간 바뀌었을 뿐이다. 첫 번째 식에 b를 곱하고 두 번째 식에 a를 곱해 더한 $bp_1 + ap_2$는 보존된다.

연습 문제 2: **이 보존을 설명하라.**

한편 퍼텐셜 에너지가 $q_1 + q_2{}^2$처럼 조금 다른, 더 일반적인 q의 조합의 함수라 가정하자. 그러면 p의 어떤 조합도 보존되지 않는다. 그렇다면 원리가 무엇인가? 보존 법칙이 있는지를 결정하는 것은 무엇이고 그 보존 법칙은 무엇인가? 그 답은 거의 100년 전 독일의 수학자 에미 뇌터(Emmy Noether)의 작업으로 알려지게 되었다.

대칭성의 예

q_i에서 새로운 집합 q_i'로의 좌표 변환을 생각해 보자. 각 q_i'은 원래의 모든 q 좌표의 함수이다.

$$q_i' = q_i'(q_i).$$

좌표 변환에 대해서는 두 가지로 생각할 수 있다. 첫 번째 방법은 수동적 변환이라 불린다. 계에 대해서는 아무것도 하지 않는다. 그저 구성 공간의 점들의 이름표만 바꿀 뿐이다.

예를 들어 x 축의 눈금이 $x = \cdots, -1, 0, 1, 2, \cdots$로 이름 붙어 있고 입자가 $x = 1$에 있다고 가정해 보자. 이제 좌표 변환을 한다고 생각해 보자.

$$x' = x + 1. \tag{4}$$

수동적인 사고방식에 따르면 이 변환은 모든 이름표를 지우고 새로운 이름표로 대체하면 된다. 이전에 $x = 0$으로 알려진 점은 이제 $x' = 1$이고, 이전에 $x = 1$로 알려진 점은 이제 $x' = 2$이며, 이런 식으로 계속된다. 하지만 입자는 자신이 있던 자리에 남아 있다. (만약 $x = 1$에 있었다면 새 이름표에서는 $x' = 2$이다.)

좌표 변환에 대한 두 번째 사고방식은 능동적 변환이라 불리는데, 점에 이름표를 다시 붙일 필요가 전혀 없다. 변환식 $x' = x + 1$은 하나의 지시 사항으로 해석된다. 입자가 어디에 있든 오른쪽으로 한 단위 움직이면 된다. 즉 이것은 구성 공간에서 새로운 점으로 계를 실제로 움직이게 하는 지시 사항이다.

앞으로 우리는 능동적인 관점을 채택할 것이다. 이는 좌표를 바꿀 때마다 계가 실제로 구성 공간의 새로운 점으로 옮겨진다는 것을 뜻한다. 일반적으로 좌표 변환을 하면 계가 실제로 변한다. 예를 들어 만약 우리가 물체를 움직이면 퍼텐셜 에너지가 (따라서 라그랑지안이) 변할 수도 있다.

이제 나는 대칭성이 무슨 뜻인지 설명할 수 있게 되었다. 대칭성이란 라그랑지안의 값을 바꾸지 않는 능동적 좌표 변환이다. 사실 계가 구성 공간 속의 어디에 위치해 있든지 그런 변환은 라그랑지안을 바꾸지 않는다.

가장 간단한 예를 들어 보자. 자유도가 하나이고 라그랑지안이 다음과 같다.

$$L = \frac{1}{2}\dot{q}^2.$$

이제 δ의 양만큼 이동함으로써 좌표 q를 변화시켜 보자. 즉 어느 구성 좌표도 q가 이동된 다른 좌표로 대체된다. (그림 1을 보라.)

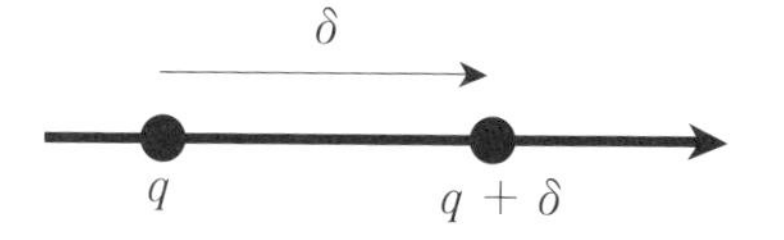

그림 1 점 q의 좌표를 δ만큼 이동시킨다.

만약 δ만큼의 이동이 시간에 의존하지 않는다면 (그렇다고 가정할 것이다.) 속도 $\dot{q}$은 변하지 않는다. 그리고 (가장 중요하게도) 라그랑지안도 변하지 않는다. 즉 다음과 같은 변화에 대해

$$q \rightarrow q + \delta \tag{5}$$

라그랑지안의 변화는 $\delta L = 0$이다.

식 (5)에서 δ라는 양은 어느 숫자일수도 있다. 나중에 우리가 무한히 작은 단계로 변환하는 것을 생각할 때는 δ라는 기호가 무한소의 양을 나타내는 데 사용될 것이다. 하지만 지금으로서는 별 문제가 되지 않는다.

퍼텐셜 에너지가 $V(q)$인 더 복잡한 라그랑지안을 생각했을 수도 있다. 퍼텐셜 에너지가 q와 무관한 상수가 아니라면, 라그랑지안은 q가 이동함에 따라 변할 것이다. 그 경우에는 대칭성이 없다. 좌표에 상수를 더해 공간에서 계를 움직이는 대칭성을 병진 대칭성이라 부른다. 이것을 논의하는 데 많은 시간을 들일 예정이다.

이제 식 (2)를 보자. q_1은 이동하고 q_2는 이동하지 않는다고 가정해 보자. 이 경우 퍼텐셜 에너지가 변하므로 라그랑지안은 변할 것이다. 하지만 $q_1 - q_2$가 변하지 않도록 두 좌표를 모두 똑같은 양만큼 이동시키면 라그랑지안의 값은 변하지 않는다. 이때 라그랑지안은 다음의 변화에 대해 불변이라고 말한다.

$$\begin{aligned} q_1 &\to q_1 + \delta \\ q_2 &\to q_2 + \delta. \end{aligned} \tag{6}$$

우리는 라그랑지안이 식 (6)의 변환에 대해 대칭적이라고 말한다. 다시 한번 이것은 병진 대칭성의 경우이다. 하지만 이 경우

대칭성을 갖기 위해서는 두 입자 사이의 거리가 변하지 않게끔 두 입자를 모두 이동시켜야만 한다.

조금 더 복잡한 식 (3)에서는 퍼텐셜 에너지가 $aq_1 - bq_2$에 의존하는데, 대칭성이 덜 명확하다. 여기 그 변환이 있다.

$$q_1 \rightarrow q_1 - b\delta$$
$$q_2 \rightarrow q_2 + a\delta. \qquad (7)$$

연습 문제 3: 식 (7)에 대해 $aq_1 + bq_2$의 조합은 라그랑지안과 함께 불변임을 보여라.

만약 퍼텐셜 에너지가 더 복잡한 조합의 함수라면 대칭성이 있을 것인지가 항상 명확하지는 않다. 조금 더 복잡한 대칭성을 살펴보기 위해 xy 평면 위에서 움직이는 입자에 대한 데카르트 좌표계로 돌아가 보자.

$$L = \frac{m}{2}(\dot{x}^2 + \dot{y}^2) - V(x^2 + y^2). \qquad (8)$$

식 (8)이 대칭성을 갖고 있다는 사실은 명확하다. 계의 구성을 원점에 대해 각도 θ만큼 돌린다고 상상해 보자. (그림 2를 보라.)

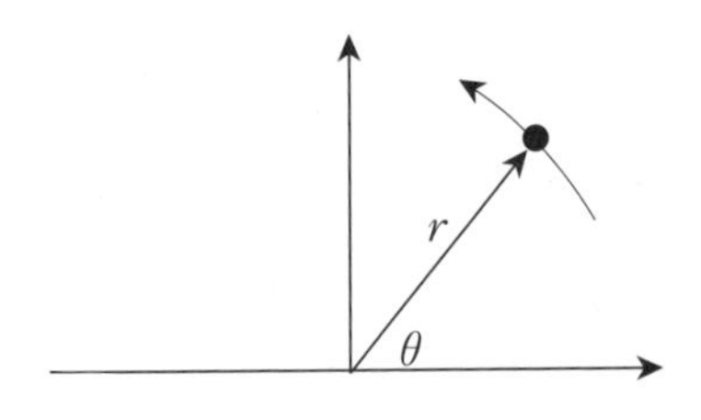

그림 2 계의 구성을 원점에 대해 θ만큼 회전.

퍼텐셜 에너지가 원점으로부터의 거리만의 함수이므로 계를 어떤 각도로 돌리더라도 퍼텐셜 에너지는 변하지 않는다. 게다가 운동 에너지 또한 마찬가지이다. 문제는 그런 변화를 어떻게 표현할 것인가이다. 답은 명확하다. 좌표를 돌리기만 하면 된다.

$$\begin{aligned} x &\to x\cos\theta + y\sin\theta \\ y &\to -x\sin\theta + y\cos\theta. \end{aligned} \tag{9}$$

여기서 θ는 임의의 각이다.

이제 우리는 병진 변환과 회전 변환에 관한 본질적인 요소에 다다랐다. 여러분은 이 변환을 작은 단계, 즉 무한히 작은 단계로 행할 수 있다. 예를 들어 입자를 x에서 $x + 1$로 움직이는 대신 x에서 $x + \delta$로 움직일 수 있다. 여기서 나는 무한소를 표기하기 위해 δ를 사용하고 있다. 사실 여러분은 δ 크기의 많은 작은 단계에 의해 원래의 변위 $x \to x + 1$을 구축할 수 있다. 회전에 대해서도 똑같은 이야기가 성립한다. 여러분은 무한소의 각도 δ만큼 회전할 수 있으며, 그 과정을 반복함으로써 결국에는 어떤 유한한 회전을 구축할 수 있다. 이러한 변환을 연속적이라고 부른다. 이는 연속적인 변수(회전각)에 의존하며, 게다가 그 변수를 무한히 작게 만들 수 있다. 이것은 훌륭한 장점으로 판명될 것이다. 왜냐하면 무한소의 경우에만 우리의 관심을 제한시켜도 연속적인 대칭성의 모든 결과를 탐색할 수 있기 때문이다.

유한한 변환은 무한소 변환으로부터 구성할 수 있으므로 대칭성을 연구할 때 좌표에서의 아주 작은 변환, 소위 무한소 변환을 생각하는 것만으로도 충분하다. 그래서 각도 θ를 무한소 각도 δ로 바꾸었을 때 식 (9)에 무슨 일이 일어나는지 알아보자. δ의 1차 항까지 써 보면 다음과 같다.

$$\cos\delta = 1$$
$$\sin\delta = \delta.$$

(작은 각도에 대해 $\sin\delta = \delta$, $\cos\delta = 1 - \frac{1}{2}\delta^2$이라는 점에 유념하자. 그래서 코사인에 대한 1차 변위는 0이고 사인에 대한 1차 변위는 δ이다.)

그러면 식 (9)가 표현하는 회전은 간단히

$$\begin{aligned} x &\rightarrow x + y\delta \\ y &\rightarrow y - x\delta \end{aligned} \tag{10}$$

이므로 속도 성분 또한 변한다. 식 (10)을 시간에 대해 미분하면 다음과 같다.

$$\begin{aligned}\dot{x} &\to \dot{x} + \dot{y}\delta \\ \dot{y} &\to \dot{y} - \dot{x}\delta.\end{aligned} \tag{11}$$

무한소 변환의 효과를 표현하는 또 다른 방법은 좌표의 변화에만 집중하는 것이다. 그래서 다음과 같이 쓸 수 있다.

$$\begin{aligned}\delta x &= y\delta \\ \delta y &= -\ x\delta.\end{aligned} \tag{12}$$

라그랑지안은 δ의 1차 변위에 대해 불변이다.

연습 문제 4: **이것이 사실임을 보여라.**

한 가지 주목할 만한 점이 있다. 퍼텐셜 에너지가 원점으로부터의 거리의 함수가 아니라면 라그랑지안은 무한소 회전에 대해 불변이 아니다. 이것은 아주 중요한 사항으로 어떤 명시적인 예를 조사해서 꼭 점검해야만 한다. 한 가지 간단한 예는 y가 아니라 x에만 의존하는 퍼텐셜 에너지이다.

더 일반적인 대칭성

대칭성과 보존 법칙 사이의 연관성으로 넘어가기 전에 대칭성이라는 개념을 일반화해 보자. 추상적인 동역학적 계의 좌표를 q_i라

하자. 무한소 변환의 아이디어를 일반화하면, 변환 자체가 좌푯값에 의존할 수도 있는 좌표의 작은 변위이다. 그 변위는 무한소 변수 δ로 표현할 수 있다.

$$\delta q_i = f_i(\dot{q})\delta. \tag{13}$$

즉 각각의 좌표는 δ에 비례하는 양만큼 이동하지만 그 비례 인수는 구성 공간에서 여러분이 어디에 있는지에 좌우된다. 식 (6)의 예에서 f_1과 f_2의 값은 모두 1이다. 식 (7)의 예에서 $f_1 = a, f_2 = -b$이다. 하지만 보다 복잡한 회전 운동의 예인 식 (12)에서 f는 상수가 아니다.

$$f_x = y$$
$$f_y = -x.$$

속도에 대한 변화를 알고 싶다면(예를 들어 라그랑지안에서의 변화를 계산하기 위해) 식 (13)을 미분하기만 하면 된다. 따라서 다음과 같이 쓸 수 있다.

$$\delta \dot{q}_i = \frac{d}{dt} f_i(\dot{q})\delta. \tag{14}$$

예를 들어 식 (12)로부터

$$\delta \dot{x} = \dot{y}\delta \qquad (15)$$
$$\delta \dot{y} = -\dot{x}\delta.$$

이제 우리는 무한소의 경우에 대한 대칭성의 의미를 다시 이야기할 수 있게 되었다. 연속적인 대칭성은 라그랑지안의 변화가 0이 되는 무한소 좌표 변환이다. 라그랑지안이 연속적인 대칭성 하에 불변인지 아닌지를 점검하는 것은 특히 쉽다. 라그랑지안의 1차 변화량이 0인지 아닌지를 따져 보기만 하면 된다. 만약 그렇다면, 대칭성이 있는 것이다.

이제 대칭성의 결과가 무엇인지 살펴보자.

대칭성의 결과

q_i를 식 (13)만큼 이동시키고 동시에 $\dot{q}_i$을 식 (14)만큼 이동시키는 변환을 했을 때 $L(q, \dot{q})$가 얼마나 많이 변하는지 계산해 보자. 우리는 $\dot{q}$의 변동에 의한 변화를 계산하고 여기에 q의 변동에 의한 변화를 더하기만 하면 된다.

$$\delta L = \sum_i \left(\frac{\partial L}{\partial \dot{q}_i} \delta \dot{q}_i + \frac{\partial L}{\partial q_i} \delta q_i \right). \qquad (16)$$

이제 약간의 마술을 부려 보자. 자세히 살펴보라. 우선 우리는 $\frac{\partial L}{\partial \dot{q}_i}$은 q_i의 켤레 운동량으로서 p_i로 표기했다는 것을 기억하고 있다. 따라서 식 (16)의 첫 항은 $\sum_i p_i \delta \dot{q}_i$이다. 이 항을 그대로 두고 두 번째 항 $\frac{\partial L}{\partial q_i}\delta q_i$를 연구해 보자. 이런 형태의 항을 계산하기 위해 우리는 계가 오일러-라그랑주 방정식을 만족하는 궤적을 따라 변화하고 있다고 가정한다.

$$\frac{\partial L}{\partial q_i} = \frac{dp_i}{dt}.$$

이 항들을 조합하면 라그랑지안의 변화에 대해 다음과 같은 결과를 얻는다.

$$\delta L = \sum_i \left(p_i \delta \dot{q}_i + \dot{p}_i \delta q_i \right).$$

마술의 마지막 조각은 곱의 미분법을 쓰는 것이다.

$$\frac{d(FG)}{dt} = F\dot{G} + \dot{F}G.$$

따라서 우리가 얻는 결과는 다음과 같다.

$$\delta L = \frac{d}{dt}\sum_i p_i \delta q_i.$$

이 모든 것이 대칭성 및 보존과 무슨 관계가 있는가? 우선 정의에 의해 대칭성은 라그랑지안의 변화가 0임을 뜻한다. 따라서 만약 식 (13)이 대칭성이면 $\delta L = 0$이고

$$\frac{d}{dt}\sum_i p_i \delta q_i = 0$$

이 된다. 이제 대칭성 연산의 형태인 식 (13)을 대입하면 다음 결과를 얻는다.

$$\frac{d}{dt}\sum_i p_i f_i(q) = 0. \tag{17}$$

이것으로 끝이다. 보존 법칙을 증명했다. 식 (17)이 말하는 바는 어떤 양

$$Q = \sum_i p_i f_i(q) \tag{18}$$

가 시간에 따라 변하지 않는다는 것을 말한다. 즉 이 양은 보존된다. 이 논증은 추상적이면서도 강력하다. 계의 세부 사항에 의존하지 않고 오직 대칭성에 대한 일반적인 아이디어에만 의존한다. 이제 일반적인 이론의 후광을 업고서 몇몇 특별한 사례로 돌아가 보자.

다시 예로 돌아가서

식 (18)을 앞에서 공부했던 예에 적용해 보자. 첫 번째 예인 식 (1)에서 좌표의 변위는 식 (13)에 따라 f_1과 f_2를 정확하게 1로 정의한다. $f_1 = f_2 = 1$을 식 (18)에 대입하면 정확하게 우리가

앞에서 얻은 결과를 준다. $p_1 + p_2$가 보존된다. 하지만 이제 우리는 훨씬 더 일반적인 사실을 말할 수 있다.

어떤 입자들의 계에 대해 만약 그 라그랑지안이 모든 입자의 위치를 동시에 이동시키더라도 불변이면 운동량은 보존된다.

사실 이것은 운동량의 각 공간 성분에 개별적으로 적용할 수 있다. 만약 L이 x 축을 따른 이동에 대해 불변이면 운동량의 총 x 성분은 보존된다. 따라서 우리는 뉴턴의 운동 제3법칙(작용-반작용의 법칙)이 공간에 대한 심오한 사실의 결과라는 것을 알 수 있다.

공간에서 모든 것을 동시에 이동시켜도 물리 법칙은 변하지 않는다.

다음으로 두 번째 예를 살펴보자. 여기서 식 (7)의 변위에 따르면 $f_1 = b, f_2 = -a$이다. 다시 이 결과를 식 (18)에 대입하면 보존량이 $bp_1 + ap_2$라는 것을 알 수 있다.

마지막 예(회전)는 보다 흥미롭다. 아직 우리가 만나지 못한 새로운 보존 법칙을 수반하기 때문이다. 식 (12)로부터 우리는 $f_x = y$, $f_y = -x$를 얻는다. 이번에는 보존량이 좌표와 운동량 모두와 결부되어 있다. 이것을 l, 즉 각운동량이라 부른다. 식 (18)로부터 다음을 얻는다.

$$l = yp_x - xp_y.$$

다시 병진 이동에서와 마찬가지로, 여기에는 단지 한 입자의 각운동량보다 더 심오한 것과 결부되어 있다.

어떤 입자들의 계에 대해 만약 그 라그랑지안이 모든 입자의 위치를 동시에 원점에 대해 회전시키더라도 불변이면, 각운동량은 보존된다.

연습 문제 5: **초기 각도 θ로부터 xy 평면에서 호를 그리며 흔들거리는 길이 l의 단순 진자에 대한 운동 방정식을 정하라.**

지금까지의 예는 아주 단순했다. 라그랑지안 공식은 아름답고 우아하고 어쩌고저쩌고, 하지만 정말로 어려운 문제를 푸는데 이점이 있을까? 그냥 $F = ma$를 쓸 수는 없는 것일까?

한번 시도해 보기 바란다. 여기 한 가지 예로 이중 진자가 있다. 진자 하나가 xy 평면에서 원점에 매달려 흔들거리고 있다. 진자의 막대는 질량이 없고, 그 끝에 매달린 추의 질량은 M이다. 간단히 하기 위해 막대의 길이는 1미터이고 추의 질량은 1킬로그램이라 하자. 다음으로 똑같은 진자 하나를 그림 3과 같이 첫 번째 진자의 추에 매단다. 우리는 두 가지 경우, 중력장이 있는 경우와 없는 경우를 연구할 수 있다.

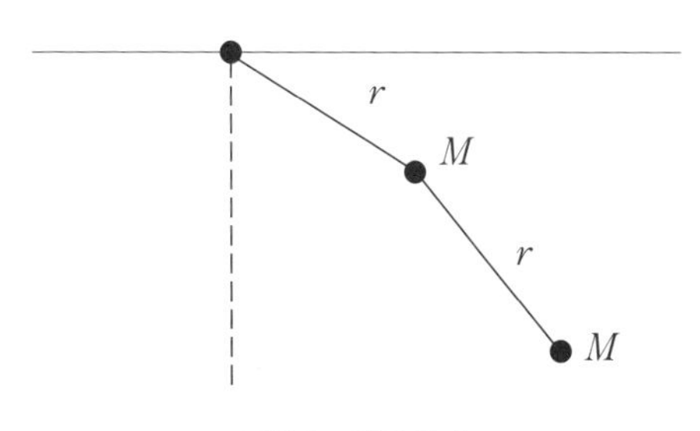

그림 3 이중 진자.

우리의 목표는 운동 방정식을 푸는 것이 아니다. 방정식을 푸는 것은 설령 우리가 컴퓨터에 방정식을 넣고 수치적으로 계산해야 한다 하더라도, 언제든지 할 수 있는 일이다. 목표는 그런 방정식을 찾는 것이다. 만약 여러분이 $F = Ma$를 써서 방정식을 찾으려고 한다면 문제가 까다롭다. 무엇보다 막대를 통해 전달되는 힘을 염두에 두어야 한다. 라그랑지안 방법은 훨씬 더 쉽다. 그 방법을 쓰는 데는 다소간의 역학적 절차가 있다. 그 단계는 다음과 같다.

1. 구성 성분을 유일하게 결정하는 어떤 좌표를 고른다. 여러분이 좋아하는 어떤 방식으로든 고를 수 있다. 계의 구성 상태를 결정하기만 하면 충분하다는 점만 확실히 해 두기 바란다. 그리고 그 좌표를 가능한 한 단순하게 유지할 수 있다.

이중 진자의 경우 2개의 좌표가 필요하다. 나는 첫 번째 좌표를 첫 진자의 수직으로부터의 각도로 고를 것이다. 이것을 θ라 하자. 다음으로 선택을 해야 한다. 두 번째 각도(두 번째 막대의 각도) 또한 수직으로부터 측정해야 할까, 아니면 첫 번째 막대의 각도에 대해 상대적으로 측정해야 할까? 어떻게 해도 상관이 없다. 어떤 선택을 하면 방정식을 약간 더 간단하게 해 주지만, 어떤 선택을 하더라도 답을 줄 것이다. 나는 수직으로부터 재는 것보다 첫 번째 막대에 대해 상대적으로 측정된 각도 α를 고를 것이다.

2. 총 운동 에너지를 계산한다. 이 경우는 두 추의 운동 에너지이다.

가장 간단한 방법은 일시적으로 데카르트 좌표 (x, y)에 위탁하는 것이다. (x_1, y_1)을 첫 번째 추에 대한 좌표, (x_2, y_2)를 두 번째 추에 대한 좌표라 하자. 각도 (θ, α)와 (x, y) 사이의 관계식은 다음과 같다. 1번 추에 대해서는

$$x_1 = \sin\theta$$
$$y_1 = \cos\theta$$

이고 2번 추에 대해서는

$$x_2 = \sin\theta + \sin(\alpha + \theta)$$
$$y_2 = \cos\theta + \cos(\alpha + \theta).$$

이제 시간에 대해서 미분하면 데카르트 좌표계의 속도 성분을 각도와 그 시간 도함수로 계산할 수 있다.

마지막으로 각 추에 대해 운동 에너지 $\frac{m}{2}(\dot{x}^2 + \dot{y}^2)$을 계산해서 더한다. 계산에 몇 분은 걸릴 것이다. 질량과 막대 길이를 1로

두었다는 것을 기억하라.

여기 결과가 있다. 첫 번째 추의 운동 에너지는

$$T_1 = \frac{\dot{\theta}^2}{2}$$

이고 두 번째 추의 운동 에너지는 다음과 같다.

$$T_2 = \frac{\dot{\theta}^2 + (\dot{\theta} + \dot{\alpha})^2}{2} + \dot{\theta}(\dot{\theta} + \dot{\alpha})\cos\alpha.$$

만약 중력장이 없다면 운동 에너지가 라그랑지안이다.

$$L = T_1 + T_2 = \frac{\dot{\theta}^2}{2} + \frac{\dot{\theta}^2 + (\dot{\theta} + \dot{\alpha})^2}{2} + \dot{\theta}(\dot{\theta} + \dot{\alpha})\cos\alpha.$$

만약 중력장이 있다면, 중력 퍼텐셜 에너지를 계산해야 한다. 그것은 쉽다. 각각의 추에 대해 그 높이를 더하고 mg를 곱하면 된다. 그 결과 퍼텐셜 에너지는 이렇게 된다.

$$V(\theta, \alpha) = -g[2\cos\theta + \cos(\theta - \alpha)].$$

3. 각 자유도에 대해 오일러-라그랑주 방정식을 계산한다.

4. 나중에 쓸 목적으로 각 좌표에 대한 켤레 운동량 $p_i = \frac{\partial L}{\partial \dot{q}_i}$을 계산한다.

연습 문제 6: θ와 α에 대해 오일러-라그랑주 방정식을 계산하라.

여러분이 해 보고 싶은 것이 더 있을 것이다. 특히 보존량을 확인하고 싶을 것이다. 대개는 에너지가 첫 번째 보존량이다. 총 에너지는 단지 $T + V$이다. 하지만 보존량이 더 있을지도 모른다. 대칭성을 찾는 것이 항상 역학적인 과정인 것은 아니다. 어떤 형태의 식을 써야 할 것이다. 어떤 중력도 없는 이중 진자의 경우 또 다른 보존 법칙이 있다. 이는 회전 대칭성으로부터 나오는 것이다. 중력장이 없다면 전체 계를 원점에 대해 돌리더라도 변하는 것은 없다. 이는 각운동량 보존을 뜻한다. 하지만 각운동량의 형태를 알아내려면 우리가 유도했던 과정을 따라가야만 한다. 다시 이를 위해 켤레 운동량을 알아야 한다.

연습 문제 7: 이중 진자의 각운동량 형태를 계산하고, 중력장이 없을 때 보존된다는 것을 보여라.

✳ 8강 ✳

해밀토니안 역학과 시간 이동 불변

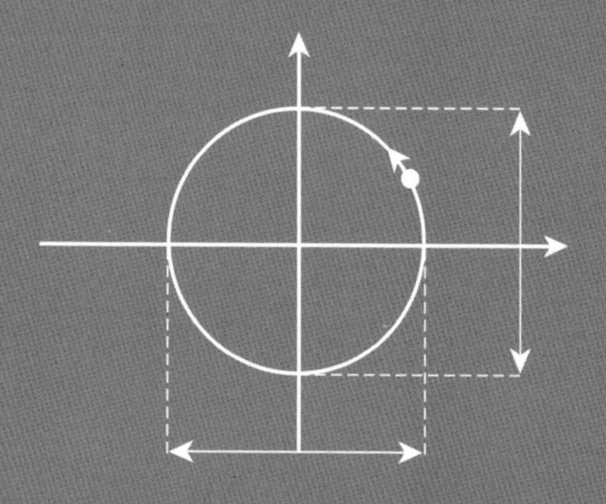

레니와 조지가 들어섰을 때, 독은 바에 앉아
늘 마시던 비어 밀크셰이크를 마시며 신문을 읽고 있었다.
"뭘 읽고 있나, 독?"
독은 안경 너머로 레니를 올려다보았다.
"이 아인슈타인이라는 녀석이 '똑같은 일을 계속 반복해서 하면서
다른 결과를 기대한다면 제정신이 아니다.'라고 말한 걸 보고 있다네.
어떻게 생각하나?"

레니는 잠깐 생각했다.

"그러니까 내가 여기서 먹을 때마다 칠리를 주문하면

위통이 생기는 것과 같다는 거지?"

독이 껄껄 웃었다.

"그래, 바로 그거야. 자네가 아인슈타인을 이해하기 시작했구먼."

시간 이동 대칭성

여러분은 아마 에너지 보존에는 무슨 일이 일어났는지 그리고 대칭성과 보존 법칙이 연결된 방식에 부합하는지 궁금해할 것이다. 그렇기는 하다. 하지만 7강의 예와는 약간 다른 방식이다. 그 모든 예에서는 대칭성이 좌표 q_i의 이동과 결부되어 있었다. 예를 들어 병진은 계의 모든 입자의 데카르트 좌표를 동시에 똑같은 양만큼 이동하는 대칭성이다. 에너지 보존과 연결된 대칭성은 시간의 이동과 관련이 있다.

닫힌계와 관련된 실험을 상상해 보자. 실험을 교란하는 그 어떤 영향도 배제된다. 실험은 시간 t_0에서 어떤 초기 조건으로 시작되어 특정한 기간 동안 계속되고 어떤 결과물을 내놓는다. 다음으로 시간이 지난 뒤 그 실험을 정확히 똑같은 방식으로 반복한다. 초기 조건은 이전과 똑같고 실험의 지속 시간도 똑같다. 차이점은 오직 실험을 시작하는 시간으로, $t_0 + \Delta t$의 시간으로 밀려났다. 그 결과는 정확히 똑같을 것이며 Δt만큼의 이동은 어떤 차이점도 만들지 않을 것으로 기대된다. 이것이 참일 때마다 그 계는 시간 이동에 대해 불변이라고 말한다.

시간 이동 불변이 항상 성립하는 것은 아니다. 예를 들면 우리는 팽창하는 우주에 살고 있다. 보통 연구실에서의 실험에 미치는 팽창의 효과는 대개 미미하지만 문제가 되는 것은 그 원리이다. 어떤 수준의 정확도에서는 나중에 시작한 실험이 이전에 시작한 실험과 약간 다른 결과를 낼 것이다.

보다 피부에 와닿는 예가 여기 있다. 우리가 관심을 가져야 할 계가 자기장 속에서 움직이는 대전된 입자(charged particle)라고 가정해 보자. 만약 자기장이 상수라면 입자의 운동은 시간 이동 불변일 것이다. 하지만 만약 자기장을 생성하는 전류가 천천히 증가하고 있다면 입자에 대한 초기 조건이 똑같다 하더라도 (하지만 시작 시간이 다르다.) 다른 결과를 초래할 것이다. 입자를 기술하는 식은 시간 이동에 대해 불변이 아닐 것이다.

시간 이동 대칭성, 또는 그의 부재가 어떻게 역학의 라그랑지안 공식에 반영되어 있을까? 답은 간단하다. 그런 대칭성이 있는 경우들에는 라그랑지안이 명시적으로 시간에 의존하지 않는다. 이것은 미묘한 문제이다. 라그랑지안의 값은 시간에 따라 변할 수도 있다. 하지만 오직 좌표와 속도가 변하기 때문에 그렇다. 명시적으로 시간에 의존한다는 것은 라그랑지안의 형태가 시간에 의존한다는 뜻이다. 예를 들어 다음의 라그랑지안을 가진 조화 진동자(harmonic oscillator)를 생각해 보자.

$$L = \frac{1}{2}(m\dot{x}^2 - kx^2).$$

만약 m과 k가 시간에 무관하다면 이 라그랑지안은 시간 이동 불변이다.

하지만 어떤 이유에서인지 용수철 상수 k가 시간에 따라 변할지도 모른다고 쉽게 상상할 수 있다. 예를 들어 만약 자기장이 변하는 상황 속에서 실험이 진행된다면 그 때문에 스프링 원자에 미묘한 효과를 미칠 수도 있다. 그 결과로 k가 변할 수도 있다. 이 경우 우리는 다음과 같이 써야만 할 것이다.

$$L = \frac{1}{2}[m\dot{x}^2 - k(t)x^2].$$

명시적으로 시간에 의존한다는 것이 바로 이런 의미이다. 더 일반적으로 다음과 같이 쓸 수 있다.

$$L = L(q_i, \dot{q}_i, t). \tag{1}$$

여기서 시간(t) 의존성은 계의 행위를 조정하는 모든 변수의 시간 변동에 의한 것이다.

이 아이디어만 손에 쥐고 있으면 이제 우리는 시간 이동 대칭성에 대해 아주 간결한 수학적 기준을 제시할 수 있다.

계의 라그랑지안이 시간에 명시적으로 의존하지 않으면 그 계는 시간 이동에 대해 불변이다.

에너지 보존

계가 변해감에 따라 식 (1)의 실제 라그랑지안 값이 어떻게 바뀌는지 살펴보자. L의 시간 의존성에는 세 가지 근원이 있다. 첫 번째와 두 번째는 좌표 q와 속도 $\dot{q}$의 시간 의존성 때문이다. 그것이 전부라면 이렇게 쓸 수 있다.

$$\frac{dL}{dt} = \sum_i \left(\frac{\partial L}{\partial q_i} \dot{q}_i + \frac{\partial L}{\partial \dot{q}_i} \ddot{q}_i \right).$$

하지만 만약 라그랑지안이 명시적으로 시간에 의존한다면 또 다른 항이 있다.

$$\frac{dL}{dt} = \sum_i \left(\frac{\partial L}{\partial q_i} \dot{q}_i + \frac{\partial L}{\partial \dot{q}_i} \ddot{q}_i \right) + \frac{\partial L}{\partial t}. \qquad (2)$$

오일러-라그랑주 운동 방정식을 써서 식 (2)의 다양한 항들을 조사해 보자. 첫 번째 형태의 항 $\frac{\partial L}{\partial q_i} \dot{q}_i$은 다음과 같이 나타낼 수 있다.

$$\frac{\partial L}{\partial q_i} \dot{q}_i = \dot{p}_i \dot{q}_i.$$

두 번째 형태의 항 $\frac{\partial L}{\partial \dot{q}_i} \ddot{q}_i$은 다음의 형태가 된다.

$$\frac{\partial L}{\partial \dot{q}_i} \ddot{q}_i = p_i \ddot{q}_i.$$

이 모두를 조합하면 다음을 얻는다.

$$\frac{dL}{dt} = \sum_i (\dot{p}_i \dot{q}_i + p_i \ddot{q}_i) + \frac{\partial L}{\partial t}.$$

처음 두 항은 간단히 할 수 있다. 다음 항등식을 이용하면

$$\sum_i (\dot{p}_i \dot{q}_i + p_i \ddot{q}_i) = \frac{d}{dt} \sum_i (p_i \dot{q}_i)$$

다음 결과를 얻는다.

$$\frac{dL}{dt} = \frac{d}{dt} \sum_i (p_i \dot{q}_i) + \frac{\partial L}{\partial t}. \tag{3}$$

L이 명시적으로 시간에 의존하지 않는다 하더라도, 라그랑지안은 첫 번째 항 $\sum_i \frac{d}{dt}(p_i \dot{q}_i)$을 통해 시간에 의존할 것이다. 그 결과 라그랑지안의 보존량과 같은 것은 존재하지 않는다.

식 (3)을 조사해 보면 무언가 재미있는 것이 드러난다. 만약 우리가 H라는 새로운 양을 다음과 같이 정의하면 다음의 관계가 성립한다.

$$\sum_i (p_i \dot{q}_i) - L = H. \tag{4}$$

식 (3)은 아주 간단한 형태가 된다.

$$\frac{dH}{dt} = -\frac{\partial L}{\partial t}. \tag{5}$$

식 (5)에 이르는 과정이 약간 복잡해 보일지는 모르겠으나 그 결과는 아주 간단하다. 새로운 양 H는 오직 라그랑지안이 명시적으로 시간에 의존해야만 시간에 따라 변한다. 훨씬 더 흥미롭게 말하자면 이렇다. 만약 어떤 계가 시간 이동 불변이라면 H라는 양은 보존된다.

H라는 양을 해밀토니안(Hamiltonian)이라 부른다. 여러분이 예상했을지도 모르겠지만, 해밀토니안은 계의 에너지이다. 하지만 그 이상으로 중요한 점이 있다. 해밀토니안이 해밀토니안 공식(Hamiltonian formulation)이라 불리는 완전히 새로운 역학 공식의 핵심적인 요소라는 사실이다. 하지만 지금으로서는 간단한 예, 퍼텐셜 속에서 운동하는 한 입자의 경우로 돌아가 그 의미를 생각해 보자. 이때의 라그랑지안은

$$L = \frac{m}{2}\dot{x}^2 - V(x) \tag{6}$$

이고 정규 운동량은 그저 보통의 운동량이다.

$$p = m\dot{x}. \tag{7}$$

식 (6)과 식 (7)을 H의 정의인 식 (4)에 대입하면 이렇게 된다.

$$
\begin{aligned}
H &= (m\dot{x})\dot{x} - \frac{m}{2}\dot{x}^2 + V(x) \\
&= m\dot{x}^2 - \frac{m}{2}\dot{x}^2 + V(x) \\
&= \frac{m}{2}\dot{x}^2 + V(x).
\end{aligned}
$$

무슨 일이 벌어졌는지 주목하라. $m\dot{x}^2$에 비례하는 두 항이 결합해서 보통의 운동 에너지를 만들었고, 퍼텐셜 에너지는 $+V(x)$가 되었다. 즉 H는 정확히 보통의 총 에너지인 운동 에너지와 퍼텐셜 에너지의 합이 되었다.

이는 일반적인 형태로서 임의의 숫자의 입자에 대해서도 쉽게 검증할 수 있다. 만약 라그랑지안이 운동 에너지와 퍼텐셜 에너지의 차이라면 다음과 같다.

$$
\begin{aligned}
H &= p\dot{q} - T + V \\
&= T + V.
\end{aligned}
$$

라그랑지안이 단순히 $T - V$보다 더 미묘한 형태를 띠는 계도 존재한다. 그런 경우들 중 몇몇은 운동 에너지와 퍼텐셜 에너지를 명확하게 분리해서 확인하는 것이 가능하지 않다. 그럼에도 불구하고 해밀토니안을 구축하는 규칙은 똑같다. 이런 계들의 에너지를 일반적으로 정의하면 다음과 같다.

에너지는 해밀토니안과 같다.

게다가 라그랑지안이 명시적으로 시간에 의존하지 않는다면 에너지 H는 보존된다.

하지만 만약 라그랑지안이 명시적으로 시간에 의존한다면, 식 (5)는 해밀토니안이 보존되지 않는다는 것을 암시한다. 그 경우 에너지에는 무슨 일이 벌어질까? 사태가 어떻게 돌아가고 있는지 이해하기 위해 예를 들어 보자. 단위 전하를 가진 대전 입자가 축전기의 판 사이에서 움직이고 있다고 가정하자. 축전기는 판 위의 전하들 때문에 균일한 전기장 ε을 갖고 있다. (전기장에 대해 조금 더 통상적인 E 대신 ε을 쓰는 이유는 에너지와의 혼동을 막기 위한 것이다.) 여러분은 전기장에 대해서 아무것도 알 필요가 없다. 축전기가 εx의 퍼텐셜 에너지를 만들어 낸다는 점만 알면 된다. 이때 라그랑지안은

$$L = \frac{m}{2}\dot{x}^2 - \varepsilon x.$$

전기장이 상수인 한 에너지는 보존된다. 그런데 축전기가 더 충전되어서 ε 또한 증가한다고 가정해 보자. 그러면 라그랑지안은 명시적으로 시간에 의존하게 된다.

$$L = \frac{m}{2}\dot{x}^2 - \varepsilon(t)x.$$

이제 입자의 에너지는 보존되지 않는다. 입자의 순간적인 위치 x

에 따라 에너지는

$$\frac{dH}{dt} = \frac{d\varepsilon}{dt}x$$

에 따라 변한다. 그 에너지는 어디서 온 것일까? 답은 이렇다. 그 에너지는 축전기를 충전하고 있는 전지에서 오는 것이다. 더 세부적으로 들어가지는 않을 작정인데, 중요한 점은 이렇다. 우리가 단지 입자로만 이루어진 계를 정의할 때, 우리는 축전기와 전지를 포함하는 더 큰 계의 단지 한 부분에만 좁게 초점을 맞추었다. 이 부가적인 요소들 또한 입자들로 만들어졌고 그래서 에너지를 갖는다.

전지, 축전기, 입자를 포함하는 전체 실험을 생각해 보자. 충전되지 않은 축전기와 축전기 판 사이의 어딘가에 정지해 있는 입자로 실험을 시작한다. 어느 순간 회로를 닫으면 전류가 축전기로 흘러 들어간다. 입자는 시간에 의존하는 전기장을 느끼게 된다. 그리고 실험이 끝날 때 축전기는 충전되고 입자는 움직이고 있을 것이다.

1시간 뒤에 전체 실험을 했다면 어땠을까? 물론 그 결과는 똑같을 것이다. 즉 전체 닫힌계는 시간 이동 불변이고 그래서 모든 요소의 전체 에너지는 보존된다. 만약 우리가 전체 꾸러미를 하나의 계로 다루었다면 그 계는 시간 이동 불변이었을 것이고 그래서 총 에너지는 보존되었을 것이다.

그럼에도 불구하고 계를 부분으로 나누어 한 부분에 집중하는 것은 종종 유용하다. 그 경우 계의 일부의 에너지는 계의 다른 부분이 시간에 따라 변한다면 보존되지 않을 것이다.

위상 공간과 해밀턴 방정식

해밀토니안이 중요한 이유는 그것이 에너지이기 때문이다. 하지만 그 중요성은 훨씬 더 심오하다. 해밀토니안은 고전 역학을 완전히 개조하기 위한 기초이며 양자 역학에서 매우 중요하다.

역학에 대한 라그랑지안(또는 작용) 공식에서는 구성 공간 속의 계의 궤적에 초점이 맞추어져 있다. 그 궤적은 좌표 $q(t)$로 기술된다. 방정식은 2차 미분 방정식이며 그래서 초기 좌표를 아는 것만으로는 충분하지가 않다. 초기 속도 또한 알아야만 한다.

해밀토니안 공식에서는 위상 공간에 초점이 맞추어져 있다. 위상 공간은 좌표 q_i와 켤레 운동량 p_i 모두의 공간이다. 사실 q와 p는 동등하게 다뤄지며 계의 운동은 위상 공간 속의 궤적으로 기술된다. 수학적으로는 $q_i(t)$와 $p_i(t)$의 함수의 집합으로 기술된다. 위상 공간의 차원은 구성 공간 차원의 2배인 점을 명심해라.

차원의 수를 2배로 해서 우리가 얻는 게 무엇인가? 답은 운동 방정식이 1차 미분 방정식이 된다는 것이다. 쉽게 말하자면 이는 우리가 단지 위상 공간의 초기 점들만 안다면 미래가 펼쳐져 있을 것이란 뜻이다.

해밀토니안 공식을 구축하는 첫 단계는 $\dot{q}$들을 제거하고 p들로 대체하는 것이다. 목표는 해밀토니안을 q와 p의 함수로 표현하는 것이다. 보통의 데카르트 좌표계에서의 입자에 대해서는 운동량과 속도가 거의 똑같은 것으로, 단지 질량이라는 요소만큼 차이가 날 뿐이다. 여느 때와 마찬가지로 직선 위의 입자가 아주 좋은 예이다.

2개의 방정식에서 시작해 보자.

$$p = m\dot{x}$$
$$H = \frac{m\dot{x}^2}{2} + V(x).$$

속도를 $\frac{p}{m}$로 바꾸면 해밀토니안은 p와 x의 함수가 된다.

$$H = \frac{p^2}{2m} + V(x). \tag{8}$$

해밀토니안 형식에서 운동 방정식을 쓰기 전에 마지막으로 알아야 할 점이 있다. H의 x에 대한 편미분은 그저 $\frac{dV}{dx}$, 즉 음의 힘이다. 따라서 운동 방정식($F = ma$)은 다음의 형태를 띤다.

$$\dot{p} = -\frac{\partial H}{\partial x}. \tag{9}$$

앞서 우리는 해밀토니안 공식에서는 좌표와 운동량이 동등한 자격이라는 것에 주목했다. 이로부터 아마도 여러분은 식 (9)와 비슷한 또 다른 방정식이 있다고 생각할지도 모르겠다. 아주 똑같지는 않지만, 거의 사실이다. 다만 − 대신 + 부호를 가진

$$\dot{x} = \frac{\partial H}{\partial p} \tag{10}$$

이 올바른 방정식이다.

왜 식 (10)이 옳은지 알아보려면 H를 p에 대해 그냥 미분하면 된다. 식 (8)로부터

$$\frac{\partial H}{\partial p} = \frac{p}{m}$$

를 얻는데, 이는 처음 방정식으로부터 그냥 $\dot{x}$이다.

따라서 이제 우리는 아주 간단하고도 대칭적인 방정식 꾸러미를 알게 되었다. 우리는 하나 대신 2개의 방정식을 갖게 되었다. 하지만 각 방정식은 1차 미분 방정식이다.

$$\begin{aligned} \dot{p} &= -\frac{\partial H}{\partial x} \\ \dot{x} &= \frac{\partial H}{\partial p}. \end{aligned} \tag{11}$$

이것이 직선 위의 입자에 대한 해밀턴 방정식(Hamilton's equations)이다. 곧 우리는 임의의 계에 대해 일반적인 형태를 유도할 것이지만, 지금으로서는 이것이 무엇인지 말해 줄 작정이다. 모든 q와

p의 함수인 해밀토니안부터 시작해 보자.

$$H = H(q_i, p_i).$$

이를 이용해서 식 (11)을 일반화할 수 있다.

$$\begin{aligned} \dot{p}_i &= -\frac{\partial H}{\partial q_i} \\ \dot{q}_i &= \frac{\partial H}{\partial p_i}. \end{aligned} \tag{12}$$

따라서 위상 공간 속의 각 방향에 대해 하나의 1차 방정식이 존재한다는 것을 알 수 있다.

여기서 잠깐 멈추어서 이 방정식들이 이 책의 첫 장과 어떤 관계가 있는지 생각해 보자. 거기서 우리는 물리학의 결정론적 법칙이 어떻게 미래를 예측하는지 기술했다. 식 (12)가 말하는 바는 이렇다.

> **여러분이 임의의 시간에 모든 좌표와 운동량의 정확한 값을 알고 해밀토니안의 형태를 안다면, 해밀턴 방정식은 무한소의 시간 이후에 그 해당 양이 얼마인지를 알려 줄 것이다. 연속적인 업데이트 과정을 계속하면 여러분은 위상 공간 속의 궤적을 결정할 수 있다.**

조화 진동자 해밀토니안

조화 진동자는 물리학에서 단연 가장 중요하면서도 단순한 계이다. 이는 몇몇 자유도가 평형점에서 옮겨진 뒤 진동하는 모든 종류의 진동을 기술한다. 이것이 왜 중요한지 알아보기 위해 q라는 자유도의 퍼텐셜 에너지를 $V(q)$라 하자. $V(q)$는 최솟값을 갖는다. 이 최솟값은 안정적인 평형점을 기술한다. 그 자유도가 평형점에서 옮겨지면 평형점으로 되돌아가려 할 것이다. 우리가 최솟값을 $q = 0$인 위치에 놓더라도 그 어떤 일반적인 성질을 실제로 잃어버리지는 않는다. 이 점에서 최솟값을 갖는 일반적인 함수는 2차 함수로 근사할 수 있다.

$$V(q) = V(0) + cq^2. \tag{13}$$

여기서 $V(0)$와 c는 상수이다. q에 비례하는 1차 항이 없는 이유는 도함수 $\frac{dV}{dq}$가 최솟값에서 0이 되어야 하기 때문이다. 퍼텐셜 에너지에 상수를 더해 보아야 아무런 효과도 없기 때문에 $V(0)$ 항도 없앨 수 있다.

식 (13)의 형태가 아주 일반적인 것은 아니다. V는 모든 차수의 항들, 예컨대 q^3이나 q^4 같은 항들을 포함할 수 있다. 하지만 계가 $q = 0$에서 아주 작은 양만큼만 벗어나는 한 높은 차수의 항들은 2차 항에 비해 무시할 만할 것이다. 이런 추론은 용수철, 진자, 음파, 전자기파 등을 포함한 모든 종류의 계에 적용된다.

나는 ω라 부르는 하나의 상수와 결부된 라그랑지안을 쓸 것이다. 특별한 형태로 보일지도 모르겠다.

$$L = \frac{1}{2\omega}\dot{q}^2 - \frac{\omega}{2}q^2. \tag{14}$$

연습 문제 1: 라그랑지안 $L = \frac{m\dot{x}^2}{2} - \frac{k}{2}x^2$ 에서 시작해 변수를 $q = (km)^{1/4}x$ 로 바꾸면 라그랑지안이 식 (14)의 형태가 된다는 것을 보여라. k, m, ω 사이의 관계는 무엇인가?

연습 문제 2: 식 (14)에서 시작해 p와 q에 관한 해밀토니안을 계산하라.

식 (14)에 상응하는 해밀토니안은 아주 간단하다.

$$H = \frac{\omega}{2}(p^2 + q^2). \tag{15}$$

연습 문제 1에서 변수를 x에서 q로 바꾼 것은 H를 그렇게 간단한 형태로 만들기 위해서였다.

해밀토니안 공식의 특징 중 한 가지는 q와 p 사이의 대칭 관계이다. 조화 진동자의 경우는 거의 완벽하게 대칭적이다. 유일한 비대칭은 식 (12)의 첫 방정식의 음의 부호이다. 자유도가 하

나일 때 해밀턴 방정식은 식 (11)이다. 해밀토니안 식 (15)를 식 (12)에 대입하면

$$\dot{p}_i = -\omega q$$
$$\dot{q}_i = \omega p \tag{16}$$

를 얻는다. 식 (14)로부터 유도할 수 있는 오일러-라그랑주 방정식과 이 두 방정식을 어떻게 비교할 수 있을까? 우선 오일러-라그랑주 방정식은 오직 하나의 방정식만 존재한다.

$$\ddot{q} = -\omega^2 q. \tag{17}$$

둘째, 이 방정식은 2차 방정식이다. 시간에 대한 2차 미분과 결부되었다는 뜻이다. 이와 대조적으로 해밀턴 방정식은 각각이 1차 방정식이다. 어떤 면에서 이는 2개의 1차 방정식이 하나의 2차 방정식과 동등하다는 뜻이다. 식 (16)의 두 번째 방정식을 시간에 대해 미분하면 이를 알 수 있다.

$$\ddot{q} = \omega \dot{p}.$$

다음으로 식 (16)의 첫 번째 방정식을 이용하면 식 (17), 즉 오일러-라그랑주 운동 방정식을 얻는다.

라그랑지안과 해밀토니안, 둘 중 어느 것이 더 나을까? 여러분 스스로 결정을 내릴 수도 있지만 그 전에 잠시 기다리기 바란다. 라그랑지안과 해밀토니안의 진짜 의미가 완전히 명확해지기까지 상대성 이론과 양자 역학에 대한 과정이 여전히 남아 있다.

식 (16)으로 돌아가 보자. 우리는 대개 구성 공간에서 '생각'한다. 조화 진동자는 하나의 축을 따라 앞뒤로 움직이는 계이다. 하지만 위상 공간에서 '생각'하는 데 익숙해지는 것도 또한 훌륭한 출발점이다. (진동자에 대한) 위상 공간은 2차원이다. 위상 공간에서 진동자의 궤적이 원점을 중심으로 한 동심원이라는 사실은 쉽게 보일 수 있다. 논증은 아주 간단하다. 해밀토니안을 표현한 식 (15)로 돌아가 보자. 해밀토니안은 에너지이므로 보존된다. 따라서 $q^2 + p^2$은 시간에 대한 상수이다. 즉 위상 공간의 원점에서의 거리가 상수이고, 그래서 위상 공간의 점은 반지름이 고정된 원 위를 움직인다. 사실 식 (16)은 원점을 중심으로 일정한 각속도 ω로 움직이는 점에 대한 방정식이다. 특히 흥미로운 점은 위상 공간에서의 각속도가 진동자의 에너지와 상관없이 모든 궤도에 대해 똑같다는 점이다. 위상 공간의 점이 원점 주위를 도는 동안 여러분은 그림 1에서 보듯이 그 운동을 수평한 q 축 위에 투사할 수 있다. 그 점은 진동 운동을 하며 앞뒤로 움직일 것이다. 익히 예상한 바와 아주 똑같다. 하지만 위상 공간 속에서의 2차원 원 운동은 운동을 보다 더 포괄적으로 기술한다. 수직의 p 축으로 투사를 하면 우리는 운동량 또한 진동한다는 것을 알 수 있다.

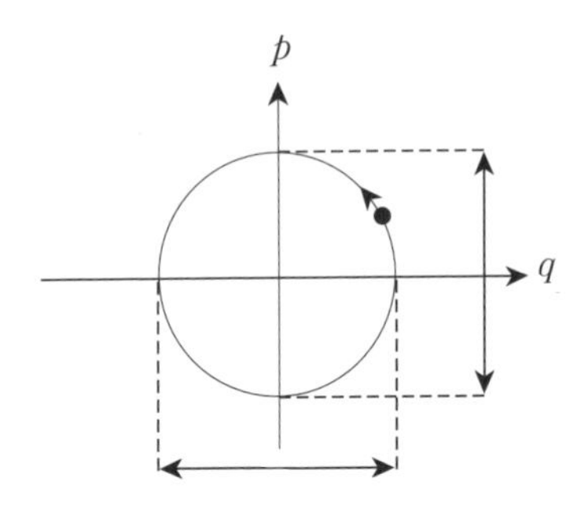

그림 1 위상 공간에서의 조화 진동자.

조화 진동자는 특별히 간단하다. 일반적으로 위상 공간 속의 계의 운동은 더 복잡하고 덜 대칭적이다. 하지만 위상 공간 속의 점이 에너지가 일정한 등에너지 곡선 위에 머문다는 사실은 보편적이다. 나중에 우리는 위상 공간 속의 운동에 대한 보다 일반적인 성질을 알게 될 것이다.

해밀턴 방정식의 유도

우리가 끝내지 않고 남겨 둔 과제 하나를 마무리하자. 그것은 해밀턴 방정식을 일반적으로 유도하는 것이다. 라그랑지안은 좌표와 속도의 어떤 일반적인 함수로 다음과 같이 쓸 수 있다.

$$L = L(\{q\}, \{\dot{q}\}).$$

해밀토니안은

$$H = \sum_i (p_i \dot{q}_i) - L$$

이고, 해밀토니안의 변화는 다음과 같이 된다.

$$\begin{aligned}\delta H &= \sum_i (p_i \delta\dot{q}_i + \dot{q}_i \delta p_i) - \delta L \\ &= \sum_i \left(p_i \delta\dot{q}_i + \dot{q}_i \delta p_i - \frac{\partial L}{\partial q_i}\delta q_i - \frac{\partial L}{\partial \dot{q}_i}\delta\dot{q}_i \right).\end{aligned}$$

이제 p_i의 정의, 즉 $p_i = \dfrac{\partial L}{\partial \dot{q}_i}$를 이용하면 첫째 항과 마지막 항이 정확하게 상쇄된다. 그 결과 다음과 같이 된다.

$$\delta H = \sum_i \left(\dot{q}_i \delta p_i - \frac{\partial L}{\partial q_i}\delta q_i \right).$$

이것을 다변수 함수의 작은 변화에 대한 일반적인 규칙과 비교해 보자.

$$\delta H(\{q\},\{p\}) = \sum_i \left(\frac{\partial H}{\partial p_i}\delta p_i + \frac{\partial H}{\partial q_i}\delta q_i \right).$$

이제 δq_i와 δp_i에 비례하는 항을 맞추어 보면 다음과 같이 쓸 수 있다.

$$
\begin{aligned}
\frac{\partial H}{\partial p_i} &= \dot{q}_i \\
\frac{\partial H}{\partial q_i} &= -\frac{\partial L}{\partial q_i}.
\end{aligned} \tag{18}
$$

이제 마지막 한 단계만 남았다. 오일러-라그랑주 방정식을 다음의 형태로 쓰면 된다.

$$
\frac{\partial L}{\partial q_i} = \dot{p}_i.
$$

이를 식 (18)의 두 번째 식에 대입하면 해밀턴 방정식을 얻는다.

$$
\begin{aligned}
\frac{\partial H}{\partial p_i} &= \dot{q}_i \\
\frac{\partial H}{\partial q_i} &= -\dot{p}_i.
\end{aligned} \tag{19}
$$

✳ 9강 ✳

위상 공간 유체와 깁스-리우빌 정리

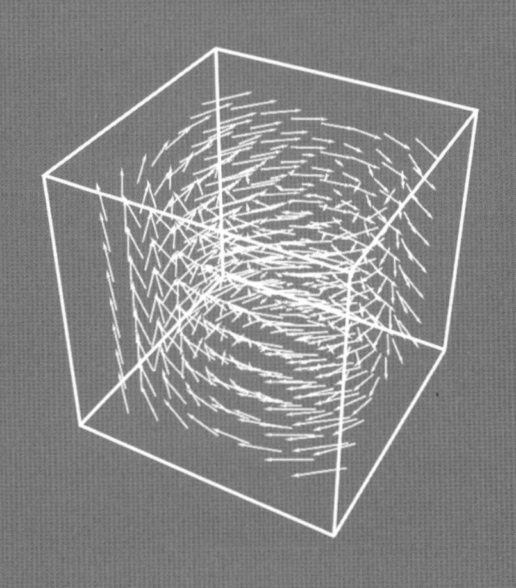

레니는 강물, 특히 떠다니는 조그만 파편 조각들이
하류로 흘러 내려가는 강물을 참 좋아했다.
레니는 그 조각들이 바위들 사이로 어떻게 움직이는지,
또는 소용돌이에 어떻게 휩쓸리는지 알아내고 싶었다.
하지만 전체로서의 강(큰 규모의 흐름, 물의 부피, 층 밀림, 흐름의 발산과 수렴)은
그의 능력을 넘어서는 것이었다.

위상 공간 유체

특별한 초기 조건에 초점을 맞추어 위상 공간 속의 특정한 궤적을 따라가는 것은 고전 역학에서 아주 자연스럽게 하는 일이다. 하지만 궤적의 전체 집합을 중요시하는 더 큰 그림이 또한 존재한다. 더 큰 그림은 모든 가능한 출발점과 모든 가능한 궤적을 시각화하는 것과 관련이 있다. 위상 공간 속의 점에 연필을 갖다 대고 하나의 궤적을 따라가는 대신, 무언가 조금 더 야심찬 일을 하려는 것이다. 무한히 많은 수의 연필을 이용해서 위상 공간을 균일하게 점으로 채운다고 상상해 보자. (균일하다는 말은 q, p 공간의 어디서나 점의 밀도가 똑같다는 뜻이다.) 그 점들을 위상 공간을 채우는 가상의 유체를 구성하는 입자라고 생각해 보자.

그리고 각 점을 해밀턴 방정식에 따라 움직이게 한다.

$$\begin{aligned} \dot{q}_i &= \frac{\partial H}{\partial p_i} \\ \dot{p}_i &= -\frac{\partial H}{\partial q_i}. \end{aligned} \tag{1}$$

이렇게 하면 그 유체는 위상 공간 속에서 끊임없이 흘러 다닌다.

조화 진동자가 논의를 시작하기에 딱 좋은 예이다. 8강에서 우리는 각 점이 균일한 각속도로 원 궤도를 움직인다는 것을 보았다. (좌표 공간이 아니라 위상 공간에 대해 이야기한다는 것을 기억하라. 좌표 공간에서는 진동자가 1차원에서 앞뒤로 움직인다.) 전체 유체는 위상 공간의 원점을 중심으로 균일하게 회전하며 고정 운동을 한다.

이제 일반적인 경우로 돌아가 보자. 좌표의 개수가 N이면, 위상 공간 그리고 그 유체는 $2N$차원이다. 유체는 아주 독특한 방식으로 흘러간다. 그래서 아주 특별한 흐름의 특징들이 있다. 그 특별한 특징들 중 하나는 이렇다. 만약 점이 주어진 에너지 값(주어진 $H(q, p)$의 값)으로 시작한다면 그 점은 그 에너지 값을 그대로 유지한다. 고정된 에너지(예를 들어 에너지 E)의 면은 다음 방정식으로 정의된다.

$$H(q, p) = E. \tag{2}$$

각 E의 값에 대해 우리는 $2N$개의 위상 공간 변수에 대한 하나의 방정식을 갖는다. 그래서 $2N - 1$ 차원의 면을 정의할 수 있다. 즉 각각의 E 값에 대해 하나의 면이 있다. E 값을 쭉 훑어감에 따라 그 면들은 위상 공간을 채운다. 위상 공간은 식 (2)로 정의된 면과 함께 등고선 지도라고 생각할 수 있다. (그림 1을 보라.) 하지만 이 지도의 윤곽선은 높이를 나타내는 대신 에너지 값을 표시한다. 만약 유체의 한 점이 특정한 면 위에 있으면 그 점은 영원히 그 면 위에 머문다. 이것이 에너지 보존이다.

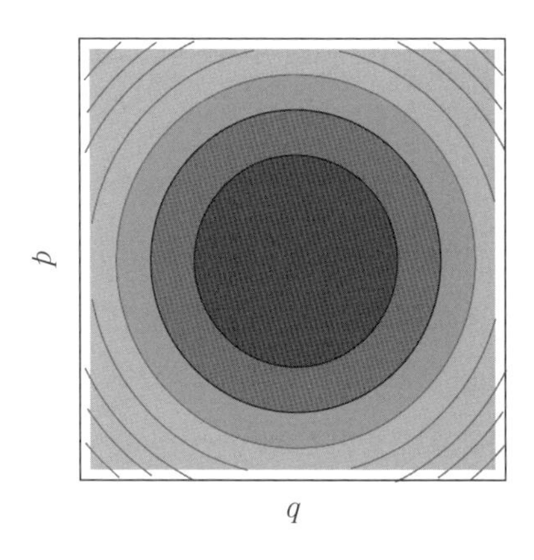

그림 1 위상 공간에서 조화 진동자의 에너지 면에 대한 등고선 그림.

조화 진동자에 대한 위상 공간은 2차원이며 에너지 면은 원이다.

$$\frac{\omega}{2}(q^2 + p^2) = E. \tag{3}$$

일반적인 역학계에 대해서는 에너지 면을 시각화하기에는 훨씬 더 복잡하지만 그 원리는 똑같다.

에너지 면이 층과 같이 위상 공간을 채우며 그 흐름은 점들이 시작한 면 위에 계속 머무르도록 움직인다.

기억을 재빨리 되돌려 보면

여기서 잠깐 멈추고 동전, 주사위, 그리고 운동 법칙에 대한 가장 단순한 아이디어를 논의했던 제일 첫 장을 상기시키고자 한다. 우리는 계의 상태를 나타내는 점들을 연결하는 일단의 화살표로 그런 법칙들을 기술했다. 또한 허용되는 법칙과 허용되지 않는 법칙이 있으며, 허용되는 법칙이란 가역적인 법칙이라는 것을 배웠다. 허용되는 법칙의 특징은 무엇일까? 답은 이렇다. 모든 점은 정확하게 하나의 들어오는 화살표와 하나의 나가는 화살표를 가져야만 한다. 어떤 점에서 들어오는 화살표의 숫자가 나가는 화살표의 숫자를 넘어서면(이런 경우를 수렴이라 부른다.) 그 법칙은 비가역적이다. 나가는 화살표의 숫자가 들어오는 화살표의 숫자를 넘어서는 경우(이런 경우를 발산이라 부른다.)에도 마찬가지이다. 화살표의 수렴 또는 발산 어느 것도 가역성을 위배하며 따라서 금지된다. 지금까지 우리는 그 논의 선상으로 다시 돌아가지 않았다. 이제 때가 왔다.

흐름과 발산

보통의 공간에서 유체가 흐르는 몇몇 간단한 예를 생각해 보자. 위상 공간은 잠시 잊고, x, y, z 축으로 이름 붙인 보통의 3차원 공간 속을 움직이는 평범한 유체를 생각해 보자. 그 흐름은 속도장(velocity field)으로 기술할 수 있다. 속도장 $\vec{v}(x, y, z)$는 공간의 각 점에 그 점의 속도 벡터를 지정함으로써 정의된다. (그림 2

를 보라.)

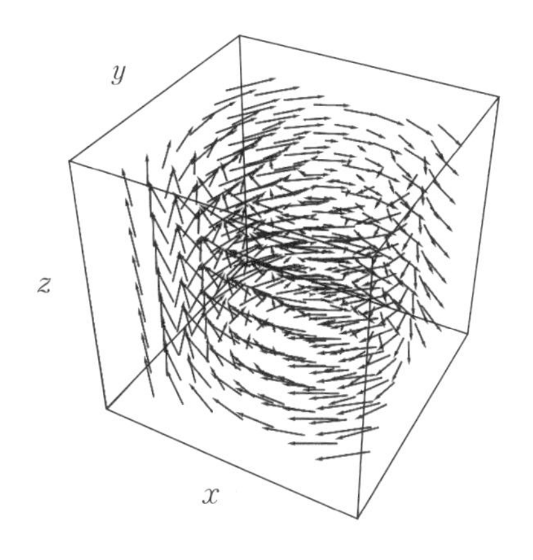

그림 2 속도장.

또는 속도장이 속도의 성분 $v_x(x, y, z)$, $v_y(x, y, z)$, $v_z(x, y, z)$이게끔 기술할 수도 있다. 한 점에서의 속도는 또한 시간에 의존할지도 모르지만, 그렇지 않은 것으로 가정하자. 이 경우 그 흐름은 정적이라고 부른다.

이제 그 유체가 압축 불가능하다고 가정하자. 이는 주어진 양의 유체는 언제나 똑같은 부피를 차지한다는 뜻이다. 또한 유체의 밀도(단위 부피당 분자의 개수)가 균일하고 영원히 그 상태로 머문다는 뜻이다. 그런데 압축 불가능하다는 말은 또한 이완 불가능하다는 뜻이기도 하다. 즉 유체를 늘릴 수 없다. 다음과 같이 정의된 작은 육면체 상자를 생각해 보자.

$$x_0 < x < x_0 + dx$$
$$y_0 < y < y_0 + dy$$
$$z_0 < z < z_0 + dz.$$

비압축성은 이런 모든 상자 속의 유체 점의 개수가 상수라는 것을 의미한다. 또한 유체의 단위 시간당 알짜 흐름(net flow)은 0이어야 한다는 것을 뜻한다. (들어온 양만큼의 점들이 빠져 나간다.) $x = x_0$인 면을 가로질러 단위 시간당 상자 속으로 들어가는 분자의 수를 생각해 보자. 이는 그 면을 가로지르는 유속 $v_x(x_0)$에 비례할 것이다.

만약 v_x가 x_0와 $x_0 + dx$에서 똑같다면 $x = x_0$에서 상자로 흘러 들어가는 양은 $x = x_0 + dx$에서 흘러 나가는 양과 똑같을 것이다. 하지만 만약 v_x가 상자를 가로지를 때 변한다면 그 흐름은 균형을 맞추지 못할 것이다. 그렇다면 두 면을 가로질러 상자 속으로 들어가는 알짜 흐름은

$$-\frac{\partial v_x}{\partial x} dxdydz$$

에 비례할 것이다. y_0와 $y_0 + dy$의 면, z_0와 $z_0 + dz$의 면에도 또한 정확하게 똑같은 추론을 적용할 수 있다. 이 모두를 다 더하면 상자 속으로 들어가는 분자들의 알짜 흐름(유입량－유출량)은

$$-\left(\frac{\partial v_x}{\partial x}+\frac{\partial v_y}{\partial y}+\frac{\partial v_z}{\partial z}\right)dxdydz$$

와 같이 주어진다. 괄호 속 도함수의 조합에는 이름이 있다. 그 이름은 속도장 $\vec{v}(t)$의 발산(divergence)이며 다음과 같이 표기한다.

$$\nabla \cdot \vec{v} = \left(\frac{\partial v_x}{\partial x}+\frac{\partial v_y}{\partial y}+\frac{\partial v_z}{\partial z}\right). \qquad (4)$$

발산이라는 이름은 적절한 작명이다. 발산은 입자가 퍼져 나가는 것, 또는 입자가 차지하는 부피의 증가를 나타낸다. 만약 유체가 비압축성이라면 그 부피는 변하지 않아야 한다. 이는 발산이 0이어야 한다는 뜻이다.

비압축성을 이해하는 한 가지 방식은 유체의 각 입자, 또는 점이 훼손되지 않는 부피를 차지하고 있다고 생각하는 것이다. 분자들이 더 작은 부피로 압착될 수도 없고 어디서든 사라지거나 생겨날 수도 없다. 조금만 생각해 보면 비압축성과 가역성이 얼마나 비슷한지 알 수 있을 것이다. 1강에서 살펴보았던 예들에서 화살표 또한 일종의 흐름을 정의했다. 그리고 적어도 만약 가역적이라면 어떤 의미에서 그 흐름은 비압축성이다. 분명히 이런 의문이 들 것이다. 위상 공간 속의 흐름은 비압축성일까? 만약 그 계가 해밀턴 방정식을 만족한다면 그 답은 "그렇다."이다. 그리고 비압축성을 표현하는 정리를 리우빌 정리(Liouville's theorem)라 부른다.

리우빌 정리

위상 공간 속 유체의 흐름으로 돌아가 그 속의 모든 점에서의 유체의 속도 성분을 생각해 보자. 위상 공간의 유체가 x, y, z 좌표를 가진 3차원이 아니라는 것은 말할 필요도 없다. 대신 p_i와 q_i의 좌표를 가진 $2N$차원이다. 따라서 각각의 q와 각각의 p에 대해 $2N$개의 속도장 성분이 존재한다. 이를 v_{qi}와 v_{pi}라 하자.

식 (4)의 발산 개념은 임의의 숫자의 차원으로 쉽게 일반화할 수 있다. 3차원에서는 속도 성분을 그에 상응하는 방향으로 미분한 도함수의 합이었다. 임의의 차원에서도 정확하게 똑같다. 위상 공간의 경우 흐름의 발산은 다음 $2N$ 항의 합이다.

$$\nabla \cdot \vec{v} = \sum_i \left(\frac{\partial v_{qi}}{\partial q_i} + \frac{\partial v_{pi}}{\partial p_i} \right). \qquad (5)$$

만약 유체가 비압축성이면 식 (5)의 표현은 0이어야 한다. 이를 확인하기 위해 벡터장의 성분을 알 필요가 있다. 벡터장이란 다름 아닌 위상 공간 유체 입자의 속도이다.

주어진 점에서의 유체의 흐름 벡터는 그 점에서 가상 입자의 속도로 정해진다. 즉

$$v_{qi} = \dot{q}_i$$
$$v_{pi} = \dot{p}_i.$$

$\dot{q}_i$와 $\dot{p}_i$는 정확히 해밀턴 방정식인 식 (1)이 주는 양들이다.

$$v_{qi} = \frac{\partial H}{\partial p_i}$$
$$v_{pi} = -\frac{\partial H}{\partial q_i}. \tag{6}$$

이제 식 (6)을 식 (5)에 대입하기만 하면 된다. 그 결과는 다음과 같다.

$$\nabla \cdot \vec{v} = \sum_i \left(\frac{\partial}{\partial q_i} \frac{\partial H}{\partial p_i} - \frac{\partial}{\partial p_i} \frac{\partial H}{\partial q_i} \right). \tag{7}$$

두 번째 도함수 $\frac{\partial}{\partial q_i} \frac{\partial H}{\partial p_i}$가 미분 순서에 의존하지 않는다는 것을 상기해보면, 식 (7)의 항들은 정확하게 짝을 이뤄 상쇄된다는 사실을 알 수 있다.

$$\nabla \cdot \vec{v} = 0.$$

따라서 위상 공간 유체는 비압축성이다. 고전 역학에서 위상 공간 유체의 비압축성을 리우빌 정리라고 부른다. 사실 이는 프랑스의 수학자 조제프 리우빌(Joseph Liouville)과는 거의 상관이 없다. 미국의 물리학자였던 조시아 윌러드 깁스(Josiah Willard Gibbs)가 1903년에 이 정리를 처음으로 발표했다. 이 정리는 깁스-리우빌 정리(Gibbs-Liouville theorem)라고도 알려져 있다.

우리는 임의의 작은 상자로 들어가는 유체의 총량이 0이어야 한다는 것을 요구 조건으로 해 유체의 비압축성을 정의했다. 이와 정확히 동등한 또 다른 정의가 있다. 주어진 시간에서의 유체의 부피를 생각해 보자. 유체의 부피는 구, 육면체, 덩어리, 또는 그 밖의 어떤 형태라도 좋다. 이제 그 부피 속의 모든 점이 움직일 때 그 점들을 따라가 보자. 시간이 지난 뒤 그 유체 덩어리는 다른 형태로 다른 곳에 있을 것이다. 하지만 만약 유체가 비압축성이라면 그 덩어리의 부피는 시작할 때의 부피로 남아 있을 것이다. 따라서 우리는 리우빌 정리를 다음과 같이 바꾸어 말할 수 있다.

위상 공간 유체가 차지하는 부피는 시간이 흘러도 보존된다.

조화 진동자를 예로 들어 보자. 여기서는 유체가 원점 주변으로 원을 이루며 움직인다. 유체가 고정되어 돌고 있으므로 유체 덩어리가 그 부피를 유지한다는 것은 명확하다. 사실 덩어리의 모양은 똑같은 상태로 머문다. 하지만 후자의 사실은 조화 진동자에 대해 특별한 경우이다. 또 다른 예를 들어 보자. 해밀토니안이 다음과 같이 주어졌다고 가정하자.

$$H = pq.$$

여러분은 아마도 이 해밀토니안이 낯설겠지만 그래도 이는 합당한 해밀토니안이다. 운동 방정식을 계산해 보자.

$$\dot{q} = q$$
$$\dot{p} = -p.$$

이 방정식이 말하는 바는 이렇다. q는 시간에 대해 기하급수적으로 증가하고 p는 똑같은 비율로 기하급수적으로 줄어든다. 즉 이 흐름은 p 축을 따라 유체를 압축시키는 한편 q 축을 따라서는 똑같은 양만큼 팽창시킨다. 모든 유체 덩어리가 q를 따라 늘어나고 p를 따라 압착된다. 확실히 그 덩어리의 모양은 극도로 뒤틀린다. 하지만 그 위상 공간의 부피는 변하지 않는다.

리우빌 정리는 1강에서 논의했던 비가역성과 같은 종류에 대해 우리가 상상할 수 있는 가장 가까운 유비이다. 양자 역학에서는 리우빌 정리가 일원성(unitarity)이라 불리는 양자 역학적 버전으로 대체된다. 일원성은 1강에서 논의했던 것과 훨씬 더 비슷하다. 하지만 이는『물리의 정석』의 다음 편에서 다룰 것이다.

푸아송 괄호

19세기 프랑스 수학자들이 이처럼 고전 역학에 대해 극도로 아름다운(그리고 극도로 형식적인) 사고방식을 고안했을 때 무슨 생각을 하고 있었을까? (해밀턴 자신은 예외이다. 그는 아일랜드 인이다.) 최소 작용의 원리, 오일러-라그랑주 방정식, 해밀토니안, 리우빌 정리 등을 어떻게 얻었을까? 물리학 문제를 풀고 있었을까? 방정식을 얼마나 아름답게 만들 수 있는지 알아보기 위해 단지 식들을 갖고 놀았던 것일까? 또는 새로운 물리 법칙을 특징짓는 원리들을 고안하고 있었을까? 내 생각에 그 각각이 조금씩 사실이었던 것 같다. 그리고 프랑스 수학자들은 그 모든 것에서 믿기 어려울 정도로 성공적이었다. 하지만 양자 역학을 발견한 20세기가 되어서야 그 성공의 정도가 정말로 경악할 만한 수준이었음이 명확해졌다. 마치 초기 세대의 수학자들이 천리안 같은 선견지명을 갖고 있어서 이후에 등장할 양자적인 개념과 정확히 같은 것을 고안했던 것만 같다.

게다가 아직 끝나지 않았다. 아주 선견지명이었던 것처럼 보이는 역학의 공식이 하나 더 있다. 이는 프랑스 수학자 시메옹 드니 푸아송(Simeon Denis Poisson) 덕분이다. 그 이름은 프랑스 어로 '물고기'를 뜻한다. 푸아송 괄호(Poisson Brackets)라는 개념의 동기를 알아보기 위해 q_i와 p_i의 어떤 함수를 생각해 보자. 예를 들면 p에 의존하는 계의 운동 에너지, q에 의존하는 퍼텐셜 에너지, 또는 p와 q의 곱에 의존하는 각운동량 등이 있다. 물론 우리가 관심을 가질지도 모르는 모든 종류의 다른 양들도 존재한다. 특별한 함수를 지정하지 말고 그냥 $F(q, p)$라 부르자.

$F(q, p)$를 두 가지 방식으로 생각할 수 있다. 우선 이 함수는 위상 공간에서의 위치의 함수이다. 하지만 만약 우리가 위상 공

간 속을 움직이는 임의의 점을 따라간다면, 즉 계의 임의의 실제 궤적을 따라간다면, 그 궤적을 따라 변화하는 F의 값이 있을 것이다. 즉 특별한 궤적을 따라가는 계의 운동은 F를 시간의 함수로 바꾼다. 주어진 점에 대해 그 점이 움직임에 따라 F가 어떻게 변하는지 계산해 보자. F의 시간 도함수를 계산하면 된다.

$$\dot{F} = \sum_i \left(\frac{\partial F}{\partial q_i} \dot{q}_i + \frac{\partial F}{\partial p_i} \dot{p}_i \right).$$

이제 늘 하던 계산이다. q와 p의 시간 도함수에 대해 해밀턴 방정식을 사용하는 것이다.

$$\dot{F} = \sum_i \left(\frac{\partial F}{\partial q_i} \frac{\partial H}{\partial p_i} - \frac{\partial F}{\partial p_i} \frac{\partial H}{\partial q_i} \right). \tag{8}$$

푸아송이 자신의 괄호를 고안했을 때 무엇을 하고 있었는지 정확히는 모르겠다. 다만 푸아송은 식 (8)의 우변을 쓰는 데 지겨워져서 새로운 기호로 줄여 쓰기로 결심하지 않았을까 추측해 본다. 위상 공간의 임의의 두 함수 $G(q, p)$와 $F(q, p)$를 생각해 보자. 이들 함수의 물리적 의미나 이들 중 하나가 해밀토니안인지 아닌지 등은 따지지 말자. F와 G의 푸아송 괄호는 다음과 같이 정의한다.

$$\{F, G\} = \sum_i \left(\frac{\partial F}{\partial q_i} \frac{\partial G}{\partial p_i} - \frac{\partial F}{\partial p_i} \frac{\partial G}{\partial q_i} \right). \tag{9}$$

푸아송은 이제 식 (8)을 쓰는 고통에서 자신을 구원할 수 있었을 것이다. 그는 식 (8)을 다음과 같이 쓸 수 있었을 것이다.

$$\dot{F} = \{F, H\}. \tag{10}$$

식 (10)과 관련해 놀라운 점은 이 식이 참 많은 것을 요약하고 있다는 점이다. 어느 것의 시간 도함수는 그것과 해밀토니안의 푸아송 괄호로 주어진다. 심지어 해밀턴 방정식 자체를 포함하고 있다. 이를 확인하기 위해 $F(q, p)$를 그냥 q 중의 하나라고 가정해 보자.

$$\dot{q}_k = \{q_k, H\}.$$

이제 q_i와 H의 푸아송 괄호를 계산하면 단 하나의 항, 즉 q_k를 그 자신에 대해 미분한 항만 남게 된다는 사실을 알게 될 것이다. $\frac{\partial q_k}{\partial q_k} = 1$이므로 푸아송 괄호 $\{q_k, H\}$는 단지 $\frac{\partial H}{\partial p}$와 같다는 사실을 알게 된다. 따라서 해밀턴의 첫 방정식을 다시 얻게 된다. 해밀턴의 두 번째 방정식은

$$\dot{p}_k = \{p_k, H\}$$

와 동등하다는 것을 쉽게 알 수 있다. 이 공식에서는 2개의 방정

식이 같은 부호를 갖고 있다는 점에 주목하라. 부호의 차이는 푸아송 괄호의 정의 속에 파묻혀 있다.

미(美)에 대한 프랑스 인들의 강박 관념은 성공적인 결과를 가져왔다. 푸아송 괄호가 양자 역학의 가장 기본적인 양들 가운데 하나로 전환되었기 때문이다. 그것은 바로 교환자(commutator)이다.

✻ 10강 ✻

푸아송 괄호, 각운동량, 대칭성

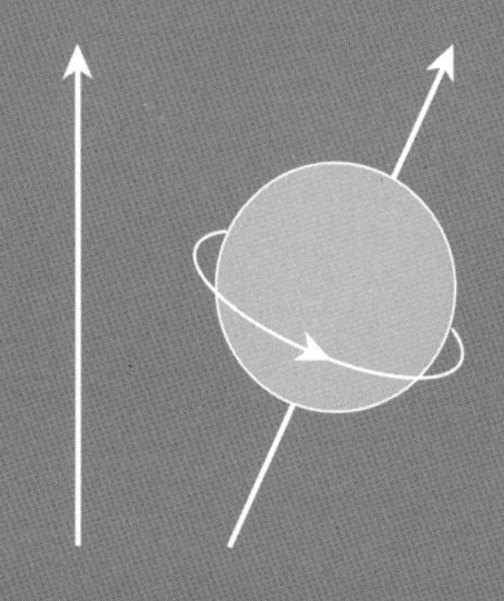

레니가 물었다.

"이봐, 조지. 푸아송 괄호에 물고기를 매달 수 있을까?"

조지가 미소 지었다.

"그게 이론적이어야만 가능할걸."

역학에 대한 공리적인 공식화

푸아송 괄호를 명시적으로 계산하는 모든 노력을 들이지 않고서도 누구나 다룰 수 있는 일련의 규칙들을 추출해 보자. (이제부터는 푸아송 괄호 대신 PB라는 약자를 사용할 것이다.) 여러분은 이 규칙들이 정말로 PB의 정의로부터 유도된다는 것을 검증할 수 있을 것이다. (숙제라고 생각하길.) A, B, C가 p와 q의 함수라고 하자. 지난 강의에서 나는 PB를 다음과 같이 정의했다.

$$\{A, C\} = \sum_i \left(\frac{\partial A}{\partial q_i} \frac{\partial C}{\partial p_i} - \frac{\partial A}{\partial p_i} \frac{\partial C}{\partial q_i} \right). \tag{1}$$

• 첫 번째 성질은 반대칭성(antisymmetry)이다. PB의 두 함수를 맞바꾸면 부호가 바뀐다.

$$\{A, C\} = -\{C, A\}. \tag{2}$$

이는 특히 어떤 함수와 그 자신의 PB가 0이라는 것을 뜻한다.

$$\{A, A\} = 0. \tag{3}$$

• 다음은 어느 한쪽 항목에 대한 선형성이다. 선형성은 두 가지 성질을 필요로 한다. 첫째, A(C가 아닌)에 상수 k를 곱하면 PB에는 똑같은 상수가 곱해진다.

$$\{kA, C\} = k\{A, C\}. \tag{4}$$

둘째, A + B를 C와 함께 PB를 취하면 그 결과는 덧셈으로 연결된다.

$$\{(A + B), C\} = \{A, C\} + \{B, C\}. \tag{5}$$

식 (4)와 (5)로 PB의 선형 성질이 정의된다.

• 다음으로 A와 B를 곱한 뒤 C와 함께 PB를 취하면 어떤 일이 생기는지 생각해 보자. 이를 이해하기 위해서는 PB의 정의로 돌아가 곱의 미분법을 적용하기만 하면 된다. 예를 들어

$$\frac{\partial(AB)}{\partial q} = A\frac{\partial B}{\partial q} + B\frac{\partial A}{\partial q}.$$

p에 대한 도함수에 대해서도 마찬가지이다. 규칙은 다음과 같다.

$$\{(AB), C\} = B\{A, C\} + A\{B, C\}. \tag{6}$$

• 마지막으로 여러분이 출발선을 떠나기 위해 필요한 몇몇 PB가 있다. 일단 어떤 q나 어떤 p도 p와 q의 함수라는 점에 주목하자. 모든 PB는 p와 q 모두에 대한 도함수를 수반하므로 임의의 q와 임의의 다른 q의 PB는 0이다. 2개의 p에 대한 PB에 대해서도 마찬가지이다.

$$\begin{aligned} \{q_i, q_j\} &= 0 \\ \{p_i, p_j\} &= 0. \end{aligned} \tag{7}$$

하지만 q와 p의 PB는 0이 아니다. 규칙은 이렇다. 만약 $i = j$이면 $\{q_i, p_j\} = 1$이고 그 밖의 경우에는 $\{q_i, p_j\} = 0$이다. 크로네커 델타 기호를 이용하면 다음과 같이 된다.

$$\{q_i, p_j\} = \delta_{ij}. \tag{8}$$

이제 임의의 PB를 계산할 때 필요한 모든 것을 갖게 되었다. 정의는 잊어버리고 식 (2), (3), (4), (5), (6), (7), (8)을 수학적인 공식 체계를 위한 공리 집합으로 생각할 수도 있다.

$$\{q^n, p\} \tag{9}$$

를 계산한다고 해 보자. 논의를 단순화하기 위해 오직 하나의 q

와 p를 가진 계를 가정했다. 나는 우선 답을 가르쳐 주고 이를 증명할 것이다. 그 답은 다음과 같다.

$$\{q^n, p\} = nq^{(n-1)}. \tag{10}$$

이런 종류의 공식을 증명하는 방법은 수학적 귀납법을 이용하는 것이다. 이 방법은 두 단계를 밟는다. 첫 단계는 n에 대한 답이 옳다고 가정하고(귀납 가정 식 (10)을 가정한다.) 이것이 $n + 1$에 대해서도 성립한다는 것을 보이는 것이다. 두 번째 단계는 $n = 1$일 때 귀납 가정이 성립한다는 것을 명시적으로 보이는 것이다.

그래서 n을 $n + 1$로 대체하면 식 (9)는 식 (6)을 써서 다음과 같이 쓸 수 있다.

$$\begin{aligned}\{q^{(n+1)}, p\} &= \{q \cdot q^n, p\} \\ &= q\{q^n, p\} + q^n\{q, p\}.\end{aligned}$$

다음으로 식 (8)을 이용한다. 이 경우에는 그저 $\{q, p\} = 1$이다.

$$\begin{aligned}\{q^{n+1}, p\} &= \{q \cdot q^n, p\} \\ &= q\{q^n, p\} + q^n.\end{aligned}$$

이제 귀납 가정 식 (10)을 이용하면 다음을 얻는다.

$$
\begin{aligned}
\{q^{(n+1)}, p\} &= \{q \cdot q^n, p\} \\
&= qnq^{(n-1)} + q^n \qquad (11) \\
&= (n+1)q^n.
\end{aligned}
$$

식 (11)은 정확하게 $n+1$에 대한 귀납 가정이다. 그러므로 이제 우리는 식 (10)이 $n=1$일 때 성립한다는 것을 보이기만 하면 된다. 하지만 이 경우 $\{q, p\} = 1$임을 뜻한다. 이는 물론 참이다. 따라서 식 (10)도 참이다.

이 예는 다른 방식으로 쓸 수 있다. 그 결과는 광범위하게 쓰인다. $nq^{(n-1)}$은 다름 아닌 q^n의 도함수라는 것에 유의하자. 따라서 이 경우 이렇게 쓸 수 있다.

$$
\{q^n, p\} = \frac{d(q^n)}{dq}. \qquad (12)
$$

이제 q의 임의의 다항식(심지어 무한급수 전개도 좋다.)을 취해 보자. 식 (12)를 다항식의 각 항에 적용하고 선형성을 적용해 그 결과를 취합하면

$$
\{F(q), p\} = \frac{dF(q)}{dq} \qquad (13)
$$

라는 것을 증명할 수 있다. 어떤 매끄러운 함수라도 다항식을 써서 임의로 잘 근사할 수 있다. 그 덕분에 q의 임의의 함수에 대해

식 (13)을 증명할 수 있다. 사실은 그 이상도 더 나아갈 수 있다. q와 p의 임의의 함수에 대해

$$\{F(q, p), p_i\} = \frac{\partial F(q, p)}{\partial q_i} \tag{14}$$

라는 것을 쉽게 증명할 수 있다.

연습 문제 1: **식 (14)를 증명하라.**

이로써 우리는 푸아송 괄호에 관한 새로운 사실을 발견했다. 임의의 함수를 p_i와 함께 PB를 취하면 그 함수를 q_i에 대해 미분한 효과가 있다. 우리는 이것을 PB의 정의로부터 직접 증명할 수도 있었지만, 나는 형식 공리로부터 유도된다는 것을 보여 주고 싶었다.

$F(q, p)$를 q_i와 함께 푸아송 괄호를 취하면 어떻게 될까? 여러분은 아마도 p와 q가 모든 규칙에 대칭적으로 들어간다는 사실로부터 그 답을 유추할 수 있을 것이다. 지금쯤이면 심지어 그 답의 부호까지 생각했을지도 모르겠다.

$$\{F(q, p), q_i\} = -\frac{\partial F(q, p)}{\partial p_i}. \tag{15}$$

연습 문제 2: **해밀턴 방정식은 $\dot{q} = \{q, H\}$, $\dot{p} = \{p, H\}$의 형태로 쓸 수 있다. 해밀토니안이 $H = \frac{1}{2m}p^2 + V(q)$의 형태라고 가정하자. PB 공리들만 이용해서 뉴턴의 운동 방정식을 증명하라.**

각운동량

7강에서 회전 대칭성과 각운동량 보존 사이의 관계를 설명했다. 여러분의 기억을 상기하기 위해 하나의 입자가 xy 평면에서 움직이는 경우에 대해 간단히 복습할 것이다. 무한소 회전에 대한 공식을 우리는 다음과 같은 형태로 썼다.

$$\begin{aligned} \delta x &= \varepsilon f_x = -\varepsilon y \\ \delta y &= \varepsilon f_y = \varepsilon x. \end{aligned} \tag{16}$$

그리고 라그랑지안이 불변이라고 가정하고 보존되는 양을 유도했다. 부호는 반대이다.

$$Q = p_x f_x + p_y f_y.$$

우리는 이것을 각운동량 L이라 부른다.

$$L = xp_y - yp_x. \tag{17}$$

이제 나는 3차원 공간으로 가려고 한다. 여기서 각운동량은 벡터의 지위를 갖는다. 식 (16)은 여전히 참이지만, 새로운 의미를 갖는다. 이 식은 z 축에 대해 계를 회전시키는 규칙이 된다. 사실 우리는 z 축에 대한 회전에 의해 z가 변하지 않는다는 사실을 표현하는 세 번째 식으로 식 (16)을 채워 넣을 수 있다.

$$\begin{aligned} \delta x &= \varepsilon f_x = -\varepsilon y \\ \delta y &= \varepsilon f_y = \varepsilon x \\ \delta z &= 0. \end{aligned} \tag{18}$$

식 (17) 또한 바뀌지 않는다. 다만 우리는 좌변을 각운동량의 z 성분으로 해석한다. 각운동량의 다른 두 성분 또한 쉽게 계산할 수 있다. 또는 식 (17)을 $x \to y$, $y \to z$, $z \to x$로 그냥 순환시켜서 두 성분을 생각해 볼 수 있다.

$$\begin{aligned} L_z &= xp_y - yp_x \\ L_x &= yp_z - zp_y \\ L_y &= zp_x - xp_z. \end{aligned}$$

여러분이 기대했겠지만, 계가 모든 축에 대해 회전 대칭적이면 벡터 $\vec{L}$의 모든 성분은 보존된다.

이제 각운동량과 결부된 몇몇 푸아송 괄호를 생각해 보자.

예를 들어 x, y, z와 L_z의 PB를 생각해 보자.

$$
\begin{aligned}
\{x, L_z\} &= \{x, (xp_y - yp_x)\} \\
\{y, L_z\} &= \{y, (xp_y - yp_x)\} \qquad (19) \\
\{z, L_z\} &= \{z, (xp_y - yp_x)\}.
\end{aligned}
$$

식 (1)의 정의를 이용하거나 공리를 이용하면 이 PB를 쉽게 계산할 수 있다.

> **연습 문제 3: PB의 정의와 공리를 모두 사용해 식 (19)의 PB를 계산하라. 힌트: 각 표현식에서 x, y, z 좌표와 푸아송 괄호를 했을 때 0이 아닌 것들을 괄호 속에서 찾아보라. 예를 들면 첫 번째 PB에서 x는 p_x와 0이 아닌 PB를 갖는다.**

그 결과는 다음과 같다.

$$
\begin{aligned}
\{x, L_z\} &= -y \\
\{y, L_z\} &= x \\
\{z, L_z\} &= 0.
\end{aligned}
$$

이것을 식 (18)과 비교하면 아주 흥미로운 경향을 알 수 있다. 좌표를 L_z와 함께 PB를 취하면 z 축 주위의 무한소 회전에 관한 표현식을 재현한다. (ε은 제외.)

$$\{x, L_z\} \sim \delta x$$
$$\{y, L_z\} \sim \delta y$$
$$\{z, L_z\} \sim \delta z.$$

여기서 ~ 기호는 ε을 제외한다는 뜻이다.

보존되는 양과 PB를 취하면 보존 법칙과 관련된 대칭성 하에서 좌표를 변환한 양식이 나온다는 사실은 우연이 아니다. 이는 아주 일반적이며 대칭성과 보존 사이의 관계를 또 다른 식으로 생각할 수 있게 해 준다. 이 관계를 더 파고들기 전에, 각운동량과 관련된 다른 PB를 탐구해 보자. 무엇보다 L의 다른 성분으로 일반화하는 것이 쉽다. 여기서 다시 한번 $x \to y$, $y \to z$, $z \to x$로 순환시켜 일반화할 수 있다. 여러분은 6개의 방정식을 더 얻을 것이다. 그 식들을 요약하는 좋은 방법이 없을까 하고 궁금해할지도 모르겠다. 실제 그런 방법이 있다.

막간: 레비-치비타 기호에 대하여

좋은 표기법은 많은 기호를 도입할 만한 가치가 있다. 특히나 반복해서 계속 나온다면 말이다. 크로네커 델타 기호 δ_{ij}가 한 예이다. 이 장에서 나는 또 다른 기호인 레비-치비타(Levi-Civita) 기호를 소개할 것이다. 이 기호는 엡실론 기호를 써서 ε_{ijk}라 부른다. 크로네커 델타의 경우와 마찬가지로, 첨자 i, j, k는 공간의 세 방향 x, y, z, 또는 1, 2, 3을 나타낸다. 크로네커 델타 기호는 두 값을 갖는다. $i = j$ 또는 $i \neq j$에 따라 1 또는 0이다. ε 기호는 세 값, 0, 1, -1을 갖는다. ε_{ijk}에 관한 규칙은 δ_{ij}에 관한 규칙보다 조금 더 복잡하다.

우선 첨자 중 어느 2개가 똑같으면 $\varepsilon_{ijk} = 0$이다. 예를 들어 ε_{111}과 ε_{223}은 모두 0이다. ε_{ijk}가 0이 아닌 유일한 경우는 모든 3개의 첨자가 다를 때이다. 여기에는 여섯 가지 가능성이 있다. ε_{123}, ε_{231}, ε_{312}, ε_{213}, ε_{132}, ε_{321}이다. 처음 3개는 1의 값을 갖고 나중의 3개는 -1의 값을 갖는다.

두 경우의 차이는 무엇인가? 그 규칙을 기술하는 한 가지 방법이 여기 있다. 숫자 1, 2, 3을 원으로 배치한다. 단 3개의 시간만 있는 시계처럼 말이다. (그림 1을 보라.)

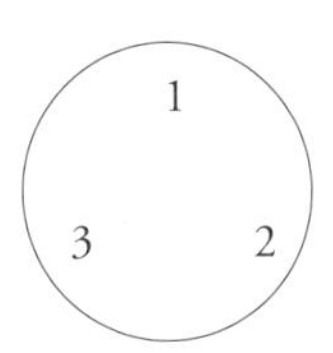

그림 1 숫자 1, 2, 3의 원형 배치.

세 숫자 중 아무데서나 시작해서 시계 방향으로 돌아간다. 어디서 출발하느냐에 따라 여러분은 (123), (231), (312)를 갖게 된다. 반시계 방향으로 돌면서 똑같은 일을 하면 (132), (213),

(321)을 얻는다. 레비-치비타 기호에 관한 규칙은 이렇다. 시계 방향의 배열에 대해서는 $\varepsilon_{ijk} = 1$이고 반시계 방향 배열에 대해서는 $\varepsilon_{ijk} = -1$이다.

다시 각운동량으로

이제 ε 기호의 도움으로 모든 좌표와 $\vec{L}$의 모든 성분에 대한 PB를 쓸 수 있다.

$$\{x_i, L_j\} = \sum_k \varepsilon_{ijk} x_k. \qquad (20)$$

예를 들어 $\{y, L_x\}$를 알고 싶다고 해 보자. 1, 2, 3을 x, y, z와 일치시켜 식 (20)에 대입하면 다음을 얻는다.

$$\{x_2, L_1\} = \varepsilon_{213} x_3.$$

213은 반시계 방향 배열이므로 $\varepsilon_{213} = -1$이다. 따라서

$$\{x_2, L_1\} = -x_3.$$

PB의 다른 집합을 생각해 보자. p_i와 $\vec{L}$의 성분 사이의 PB이다. 이는 계산하기 쉽다. ε 기호의 도움을 빌리면 다음 결과를 얻는다.

$$\{p_i, L_j\} = \sum_k \varepsilon_{ijk} p_k.$$

예를 들어

$$\{p_x, L_z\} = -p_y.$$

한 가지 주목해야 할 사실이 있다. p와 L의 PB는 x와 L의 PB와 정확하게 똑같은 형태를 갖는다. 이는 흥미롭다. p와 x가 좌표의 회전에 대해 정확하게 똑같은 방식으로 변환되기 때문이다. z 축 주위의 회전에 대해 $\delta x \sim -y$인 것과 꼭 마찬가지로 p_x의 변위는 $-p_y$에 비례한다.

이것의 의미는 아주 심오하다. 좌표가 회전할 때 임의의 양의 변화를 계산하려면 그 양과 각운동량의 푸아송 괄호를 계산하면 된다. i번째 축 주변의 회전에 대해 이렇게 쓸 수 있다.

$$\delta F = \{F, L_i\}. \tag{21}$$

각운동량은 회전의 생성자(generator)이다.

우리는 이 주제, 그리고 대칭성 변환과 관련된 밀접한 관계, 푸아송 괄호, 보존되는 양으로 다시 돌아올 것이다. 하지만 우선 나는 문제를 공식화하고 푸는 데 PB가 얼마나 유용할 수 있는지 설명하고자 한다.

회전자와 세차 운동

아직 우리가 하지 않은 것 중 하나는 각운동량의 다른 성분들 사이의 PB를 계산하는 것이다. 어떤 것이든 자기 자신과의 PB는 항상 0이다. 하지만 $\vec{L}$ 의 한 성분과 다른 성분의 PB는 0이 아니다. 다음 식을 생각해 보자.

$$\{L_x, L_y\} = \{(yp_z - zp_y),(zp_x - xp_z)\}.$$

PB의 정의를 이용하거나 공리를 이용하면 다음을 얻는다.

$$\{L_x, L_y\} = L_z.$$

도전해 보기 바란다.

일반적인 관계식은 x, y, z를 순환시켜 읽어 낼 수 있다. 레비-치비타 기호를 이용하면 다음과 같이 쓸 수 있다.

$$\{L_i, L_j\} = \sum_k \varepsilon_{ijk} L_k. \tag{22}$$

아주 아름답다. 그런데 이것을 가지고 무엇을 할 수 있을까? 식 (22)와 같은 관계식의 위력을 보기 위해 외계 공간에서 빨리 회전하는 작은 공을 생각해 보자. 이것을 회전자(rotor)라 부르자. 임의의 순간에 어떤 회전축이 존재하며, 각운동량이 그 축을 따라 놓여 있다. 만약 그 회전자가 모든 영향으로부터 고립되어 있다면, 각운동량은 보존될 것이며 회전축은 변하지 않을 것이다.

이제 회전자가 어떤 전하를 갖고 있다고 가정해 보자. 회전자가 급속히 회전하고 있으므로 이는 회전축을 따라 마치 북극과 남극을 가진 전자석과도 같이 행동한다. 이 쌍극의 세기는 회전율, 또는 훨씬 더 훌륭한 개념인 각운동량에 비례한다. 만약 이 모든 것을 자기장 $\vec{B}$ 속에 집어넣는다면 상황은 달라진다. 이 경우 $\vec{L}$ 과 $\vec{B}$ 사이의 정렬이 조금이라도 어긋나면 그와 관련된 어떤 에너지가 있게 된다. (그림 2를 보라.)

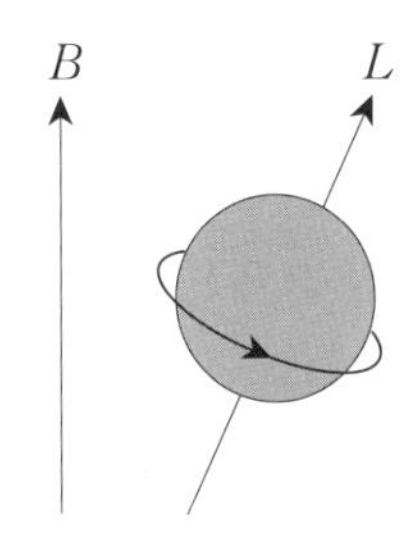

그림 2 회전자가 자기장에 대해 임의의 각도로 놓여 있다.

그 에너지는 두 벡터 사이의 각도의 코사인과 벡터의 크기의 곱에 비례한다. 즉 그 정렬 에너지는 두 벡터의 내적에 비례한다.

$$H \sim \vec{B} \cdot \vec{L}. \tag{23}$$

에너지를 H로 표기했는데, 나중에 이것이 계의 해밀토니안인 것으로 확인될 것이다.

자기장을 z 축의 방향으로 잡아 H가 $\vec{L}$ 의 z 성분에 비례하도록 하자. 자기장, 전하, 구의 반지름, 그리고 특정되지 않은 다른 모든 상수들을 묶어 하나의 상수 ω로 표현하면 정렬 에너지는 다음과 같은 형태이다.

$$H = \omega L_z. \tag{24}$$

여기서 잠깐 멈추고 우리가 무엇을 하고 있는지 또 어디로 가고 있는지 전망해 보자. 자기장이 없다면, 회전자의 축을 돌리더라도 에너지가 변하지 않는다는 의미에서 이 계는 회전 대칭성이 있다. 하지만 자기장이 있기 때문에 거기에 대해서 상대적으로 무언가를 돌릴 수 있다. 그러므로 회전 대칭성은 깨졌다. 식 (23)과 (24)는 회전 비대칭성을 나타낸다. 하지만 그 효과는 무엇인가? 답은 명확하다. 각운동량이 더 이상 보존되지 않는다. 대칭성이 없으면 보존도 없다. 이는 곧 회전 방향이 시간에 따라 변할 것이란 뜻이다. 하지만 정확히 어떻게 변할까?

그 답은 이렇게 추측해 볼 수 있다. 회전자는 하나의 자석(나침반 바늘과 같은)이다. 직관적으로 생각해 보면 각운동량은 마치 진자와 같이 $\vec{B}$ 의 방향을 향해 흔들거릴 것이다. 아주 급속하게 회전하고 있다면 이는 틀렸다. 실제로는 각운동량이 정확하게 자이로스코프와 똑같이 자기장 주위로 세차 운동을 한다. (자이로스코프는 중력장에 대해 세차 운동을 한다.) 이를 확인하기 위해 역학에 대한 푸아송 괄호 공식화를 이용해 벡터 $\vec{L}$ 의 운동 방정식을 계산해 보자.

먼저 어떤 양의 시간 도함수는 그 양과 해밀토니안의 PB라는 사실을 상기해 보자. 이를 $\vec{L}$ 의 성분에 적용하면 그 결과는

$$
\begin{aligned}
\dot{L}_z &= \{L_z, H\} \\
\dot{L}_x &= \{L_x, H\} \\
\dot{L}_y &= \{L_y, H\}.
\end{aligned}
$$

여기서 식 (24)를 이용하면 다음과 같이 된다.

$$
\begin{aligned}
\dot{L}_z &= \omega\{L_z, L_z\} \\
\dot{L}_x &= \omega\{L_x, L_z\} \\
\dot{L}_y &= \omega\{L_y, L_z\}.
\end{aligned}
$$

이제 우리는 핵심을 알 수 있게 되었다. 회전자가 어떤 물질로 만들어졌는지, 전하가 어디에 분포해 있는지, 얼마나 많은 입자가 엮여 있는지 설령 우리가 전혀 모른다 하더라도 우리는 이 문제를 풀 수 있다. 우리는 $\vec{L}$ 의 모든 성분들 사이의 PB를 알고 있다. 먼저 $\dot{L}_z$ 에 대한 방정식을 살펴보자. 이 식은 L_z와 그 자신의

PB와 관련이 있으므로 다음과 같다.

$$\dot{L}_z = 0.$$

$\vec{L}$의 z 성분은 변하지 않는다. 이 때문에 $\vec{L}$가 $\vec{B}$ 주위로 진자처럼 흔들거린다는 생각은 즉시 배제된다.

다음으로 식 (22)를 이용해서 $\dot{L}_x$과 $\dot{L}_y$을 계산해 보자.

$$\dot{L}_x = -\omega L_y$$
$$\dot{L}_y = \omega L_x.$$

이는 정확하게 xy 평면에서 각진동수 ω로 원점 주변을 균일하게 회전하는 벡터의 방정식이다. 즉 $\vec{L}$은 자기장 주변을 세차 운동한다. 푸아송 괄호의 마법 덕분에 우리는 해밀토니안이 $\vec{B} \cdot \vec{L}$에 비례한다는 것 이외에는 거의 아는 바가 없었음에도 이 문제를 풀 수 있었다.

대칭성과 보존

식 (21)로 돌아가 보자. 그 의미는 이렇다. 회전 작용 하에서의 어떤 양의 변위는 그 양과 L_i의 PB에 비례한다. L_i는 공교롭게도 회전에 대해 불변이기 때문에 보존되는 양이다. 이 연관성은 흥미로워서 얼마나 일반적인지 궁금하다. 이와 유사한 두어 가지 예를 들어 보자. 직선 위의 입자를 생각해 보자. 병진 불변이 있으면 운동량 p는 보존된다. 이제 x의 임의의 함수와 p의 PB를 구해 보자.

$$\{F(x), p\} = \frac{dF}{dx}.$$

ε의 거리만큼 무한소 이동을 했을 때 $F(x)$의 변화는 얼마인가? 답은 다음과 같다.

$$\delta F = \varepsilon \frac{dF}{dx}.$$

즉

$$\delta F = \varepsilon \{F(x), p\}.$$

여기 또 다른 예가 있다. 만약 어떤 계가 시간 이동 불변이라면 그 해밀토니안은 보존된다. 시간 이동 아래에서 어떤 양의 변화량은 어떻게 구하는가? 답은 그 양과 해밀토니안의 PB를 구해서 다시 그것의 시간 도함수를 구하면 된다.

이 연관성을 일반화할 수 있는지 살펴보자. $G(q, p)$를 어떤 계의 좌표와 시간에 대한 임의의 함수라 하자. 문자 G를 쓴 것은 이것을 생성자(generater)라 부를 것이기 때문이다. 생성자는 위상 공간 속 점의 작은 변위를 생성한다. 정의에 의해 우리는 위상 공간 속의 모든 점을 δq_i, δp_i의 양만큼 이동시킬 것이다. 여기서 다음과 같은 식을 쓸 수 있다.

$$\begin{aligned}\delta q_i &= \{q_i, G\} \\ \delta p_i &= \{p_i, G\}.\end{aligned} \tag{25}$$

식 (25)는 위상 공간의 무한소 변환을 생성한다. G가 생성하는 변환은 계의 대칭성일수도 있고 아닐 수도 있다. 대칭성이라고 말하는 것은 정확히 무슨 뜻인가? 여러분이 어디에서 시작하든 그 변환은 에너지를 바꾸지 않는다는 뜻이다. 즉 G가 생성하는 변환에 대해 $\delta H = 0$이면 그 변환은 대칭성이다. 따라서 우리는 대칭성의 조건을

$$\{H, G\} = 0 \tag{26}$$

이라고 쓸 수 있다. 하지만 식 (26)은 다르게 읽을 수도 있다. PB의 두 함수의 순서를 바꾸면 부호만 바뀌므로 식 (26)은 다음과 같이 표현할 수 있다.

$$\{G, H\} = 0. \tag{27}$$

이것은 정확하게 G가 보존되는 조건이다. 이런 식으로도 말할 수 있다. G가 생성하는 변환 하에서 H가 어떻게 변하는지를 말해 주는 바로 그 푸아송 괄호는 또한 G가 시간에 따라 어떻게 변하는지도 말해 준다.

✳ 11강 ✳

전기력과 자기력

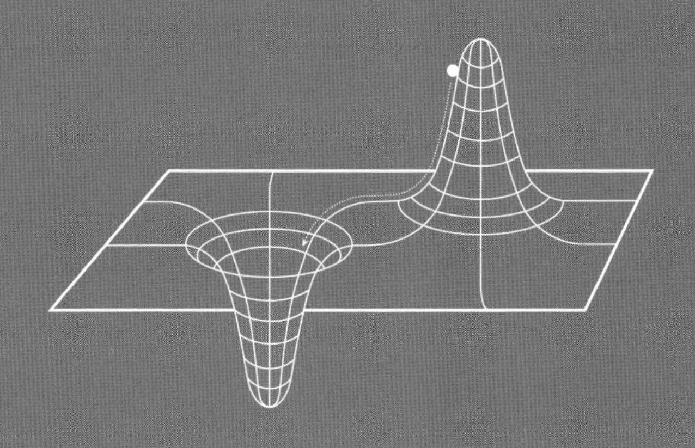

그는 외투 호주머니에 자석을 갖고 있었다.

자석이 어떻게 못이나 다른 쇳조각을 끌어당기는지는

끝없는 매혹의 원천이었고,

나침반 바늘을 회전시키는 방식은 전 세계를 돌고 돌았다.

말굽 모양으로 생긴 그 쇳덩어리 속에는

어떤 마법이 숨어 있을까? 그게 무엇이든 간에

레니는 자신의 가장 좋아하는 장난감을 갖고 노는데

결코 지치는 법이 없었다.

레니가 몰랐던 것은 전체 지구가 하나의 자석이라는 점이었다.

또한 지구라는 자석은 천우신조의 힘을 발휘해서

대전된 입자의 경로를 안전한 궤도로 꺾어

살인적인 태양 복사로부터 그를 지켜 주고 있었다.

한동안 그런 것들은 레니의 상상을 뛰어넘는 것들이었다.

"자석에 대해 말해 주게, 조지."

벡터장

장이란 공간과 시간의 함수에 다름 아니다. 대개 위치에 따라 그리고 시간에 따라 바뀔 수 있는 어떤 물리량을 표현한다. 기상학에서 예를 들자면 온도와 대기압이 있다. 온도는 변할 수 있기 때문에, 온도를 공간과 시간의 함수 $T(x, y, z, t)$ 또는 더 간단히 $T(x, t)$로 생각할 수 있다. 온도와 대기압은 분명히 벡터장이 아니다. 방향이라는 의미가 없고 다른 방향에서의 성분도 없다. 온도의 y 성분을 묻는 것은 의미가 없다. 공간의 각 점에서 오직 하나의 숫자로만 구성된 장을 스칼라장(scalar field)이라고 부른다. 온도장은 스칼라장이다.

하지만 풍속과 같은 벡터장(vector field)도 존재한다. 크기, 방향, 성분이 있다. 우리는 풍속을 $\vec{v}(x, t)$로 쓸 수도 있고 또는 그 성분 $v_i(x, t)$로 쓸 수도 있다. 벡터장의 다른 예로 전하와 전류가 만들어 내는 전기장과 자기장이 있다. 이런 장들은 공간에 따라 변하므로, 우리는 원래의 장을 미분해서 새로운 장을 구축할 수 있다. 예를 들어 온도에 대한 3개의 편미분 $\frac{\partial T}{\partial x}$, $\frac{\partial T}{\partial y}$, $\frac{\partial T}{\partial z}$는 온도 그래디언트(gradient)라 불리는 벡터장의 성분으로 생각할 수 있다. 만약 온도가 북쪽에서 남쪽으로 증가한다면 그 그래디언트는 남쪽을 가리킨다. 약간의 시간을 할애해서, 미분을 써서 원래의 장으로부터 새로운 장을 만드는 데 쓰이는 비법들을 살펴 보자.

막간: 델에 대하여

$\vec{\nabla}$ 이라 부르는 가짜 벡터를 도입해 보자. ∇의 이름은 '델'이다. 내 생각에 이는 델타를 표현하는 것 같다. 비록 진짜 델타는 Δ로 쓰긴 하지만 말이다. $\vec{\nabla}$ 의 성분은 숫자가 아니라 미분 기호이다.

$$\begin{aligned}
\nabla_x &\equiv \frac{\partial}{\partial x} \\
\nabla_y &\equiv \frac{\partial}{\partial y} \\
\nabla_z &\equiv \frac{\partial}{\partial z}.
\end{aligned} \tag{1}$$

언뜻 보기에 식 (1)은 말도 안 되는 것 같다. 벡터의 성분은 숫자이지 미분 기호가 아니기 때문이다. 그리고 어쨌든 그 미분 기호는 말이 안 된다. 무엇의 미분이란 말인가? 중요한 사실은 ∇은 결코 혼자 있지 않는다는 점이다. 미분 기호 $\frac{d}{dx}$와 마찬가지로 ∇은 무언가에 작용해야만 한다. ∇은 미분을 하기 위한 어떤 종류의 함수를 가져야만 한다. 예를 들어 ∇은 온도 같은 스칼라에 작용할 수 있다. ∇T의 성분은 이렇게 된다.

$$\nabla_x T \equiv \frac{\partial T}{\partial x}$$

$$\nabla_y T \equiv \frac{\partial T}{\partial y}$$

$$\nabla_z T \equiv \frac{\partial T}{\partial z}.$$

이것은 진짜 벡터장(온도 그래디언트)의 성분을 구성한다. 비슷한 방식으로 우리는 임의의 스칼라장의 그래디언트를 만들 수 있다.

다음으로 벡터장의 발산을 정의해 보자. 발산은 벡터의 내적 $\vec{V} \cdot \vec{A} = V_x A_x + V_y A_y + V_z A_z$ 와 유사하게 정의된다. 그런데 벡터의 내적은 스칼라이다. 벡터의 발산 또한 스칼라이다. 벡터장을 $\vec{A}(x)$라 하자. $\vec{A}$ 의 발산은 $\vec{\nabla}$ 와 $\vec{A}$ 의 내적, 즉 $\vec{\nabla} \cdot \vec{A}$ 이다. 이 기호의 뜻은 보통의 내적에서 유추해 보면 쉽게 추측할 수 있다.

$$\vec{\nabla} \cdot \vec{A} = \frac{\partial A_x}{\partial x} + \frac{\partial A_y}{\partial y} + \frac{\partial A_z}{\partial z}. \qquad (2)$$

이제 두 벡터 $\vec{V}$ 와 $\vec{A}$ 의 외적을 생각해 보자. 외적의 결과는 또 다른 벡터이다. 외적의 성분은 다음과 같다.

$$(\vec{V} \times \vec{A})_x = V_y A_z - V_z A_y$$

$$(\vec{V} \times \vec{A})_y = V_z A_x - V_x A_z$$

$$(\vec{V} \times \vec{A})_z = V_x A_y - V_y A_x.$$

레비-치비타 기호를 쓰면 다음과 같이 다르게 쓸 수도 있다.

$$(\vec{V} \times \vec{A})_i = \sum_j \sum_k \varepsilon_{ijk} V_j A_k. \qquad (3)$$

연습 문제 1: 식 (3)을 입증하라. 또한 $V_i A_j - V_j A_i = \sum_k \varepsilon_{ijk} (\vec{V} \times \vec{A})_k$ 임을 증명하라.

이제 식 (3)에 $\vec{V}$ 대신 가짜 벡터 $\vec{\nabla}$ 을 대입해 보자.

$$(\vec{\nabla} \times \vec{A})_i = \sum_j \sum_k \varepsilon_{ijk} \frac{\partial A_k}{\partial x_j}.$$

보다 명시적으로는 다음과 같이 된다.

$$(\vec{\nabla} \times \vec{A})_x = \frac{\partial A_z}{\partial y} - \frac{\partial A_y}{\partial z}$$

$$(\vec{\nabla} \times \vec{A})_y = \frac{\partial A_x}{\partial z} - \frac{\partial A_z}{\partial x}$$

$$(\vec{\nabla} \times \vec{A})_z = \frac{\partial A_y}{\partial x} - \frac{\partial A_x}{\partial y}.$$

우리가 한 일은 벡터장 $\vec{A}(x)$에서 시작해 A를 특별한 방식으로 미분해서 또 다른 벡터장 $\vec{\nabla} \times \vec{A}$ 을 만들어 낸 것이다. 새로운 벡터장 $\vec{\nabla} \times \vec{A}$ 은 $\vec{A}$ 의 회전(curl)이라 부른다.

여기 정리가 하나 있다. 몇 초면 증명할 수 있다. 임의의 장 $\vec{A}$ 에서 시작하면, $\vec{A}$ 의 회전은 발산이 없다.

$$\vec{\nabla} \cdot \left[\vec{\nabla} \times \vec{A}\right] = 0.$$

이 정리에는 실제로 더 강력한 형태가 있다. 증명은 더 어렵다. 어떤 장의 발산이 0이라는 것과 그 장이 다른 어떤 장의 회전이라는 것은 같은 말이다.

여기 또 다른 정리가 있다. 이 증명은 어렵지 않다. 벡터장이 어떤 스칼라장의 그래디언트로 정의되었다고 하자. 그렇다면 다음과 같이 쓸 수 있다.

$$\vec{E}(x) = \vec{\nabla} V(x).$$

여기서 V는 스칼라이다. 그러면 $\vec{E}$ 의 회전은 0이다.

$$\vec{\nabla} \times \left[\vec{\nabla} V(x)\right] = 0. \tag{4}$$

연습 문제 2: **식 (4)를 증명하라.**

자기장

자기장($\vec{B}(x)$라고 쓴다.)은 벡터장이다. 하지만 그저 임의의 벡터장이 자기장을 표현할 수 있는 것은 아니다. 모든 자기장은 한 가지 특징적인 성질이 있다. 자기장의 발산은 0이다. 따라서 임의의 자기장은 어떤 보조적인 장의 회전으로 표현할 수 있다.

$$\vec{B} = \vec{\nabla} \times \vec{A}. \tag{5}$$

여기서 $\vec{A}$는 벡터 퍼텐셜이라 부른다. 식 (5)를 성분으로 쓰면 다음과 같다.

$$\begin{aligned} B_x &= \frac{\partial A_z}{\partial y} - \frac{\partial A_y}{\partial z} \\ B_y &= \frac{\partial A_x}{\partial z} - \frac{\partial A_z}{\partial x} \\ B_z &= \frac{\partial A_y}{\partial x} - \frac{\partial A_x}{\partial y}. \end{aligned} \tag{6}$$

벡터 퍼텐셜은 특별한 장이다. 자기장이나 전기장과 같은 실재성을 갖지 않는다는 의미에서 그렇다. 유일한 정의는 그 회전이 자기장이라는 것이다. 자기장이나 전기장은 국소적으로 검출할 수 있다. 즉 공간의 작은 영역에서 전기장, 자기장이 있는지 없는지를 알고 싶다면, 그 영역에서 그것을 알아내기 위한 실험을 할 수 있다. 대개 그 영역에서 대전된 입자에 작용하는 어떤 힘이 있는지 알아보는 식으로 실험이 진행된다. 하지만 벡터 퍼텐셜은 국소적으로 검출할 수 없다. 무엇보다 벡터 퍼텐셜은 자신이 표현하는 자기장에 의해 유일하게 정의되지 않는다. $\vec{B}$가 식 (5)에서처럼 어떤 벡터 퍼텐셜로 주어진다고 가정해 보자. 우리는 언제나 $\vec{A}$에 어떤 그래디언트를 더해서 $\vec{B}$를 바꾸지 않고 새로운 벡터 퍼텐셜을 정의할 수 있다. 그 이유는 그래디언트의 회전이 항상 0이기 때문이다. 따라서 만약 2개의 벡터 퍼텐셜이 어떤 스칼라 s에 대해

$$\vec{A'} = \vec{A} + \nabla s$$

로 연결되어 있다면 이 둘은 똑같은 자기장을 만들어 내고 따라서 어떤 실험으로도 구별할 수 없다.

어떤 양이 다른 양의 도함수로 정의되었을 때 그와 관련된 모호함을 목격한 것이 이번이 처음은 아니다. 어떤 계에 작용하는 힘은 퍼텐셜 에너지의 음의 그래디언트라는 사실을 기억하라.

$$\vec{F}(x) = -\nabla U(x).$$

퍼텐셜 에너지는 유일하지 않다. 힘을 변화시키지 않고 언제나 상수를 더할 수 있다. 이는 여러분이 결코 퍼텐셜을 직접 측정할 수 없음을 뜻한다. 오직 그 도함수만 가능하다. 벡터 퍼텐셜에 대

해서도 상황이 비슷하다. 사실 그 때문에 퍼텐셜이라 부른다.

자기장 및 그와 관련된 벡터 퍼텐셜의 예를 하나 들어 보자. 가장 간단한 경우는 균일한 자기장이 어떤 방향, 말하자면 z 축 방향으로 가리키고 있는 경우이다.

$$\begin{aligned} B_x &= 0 \\ B_y &= 0 \\ B_z &= b. \end{aligned} \tag{7}$$

여기서 b는 자기장의 세기를 나타내는 숫자이다. 이제 다음과 같이 벡터 퍼텐셜을 정의해 보자.

$$\begin{aligned} A_x &= 0 \\ A_y &= bx \\ A_z &= 0. \end{aligned} \tag{8}$$

$\vec{A}$ 의 회전을 계산해 보면 단 하나의 항, 즉 $\dfrac{\partial A_y}{\partial x} = b$ 만 남는다. 따라서 자기장의 유일한 성분은 z 성분이며 그 값은 b이다.

그런데 식 (8)과 관련해서 무언가 웃긴 점이 있다. 균일한 자기장은 xy 평면에 대해 완전히 대칭적인 것처럼 보인다. 하지만 벡터 퍼텐셜은 오직 y 성분만 있다. 하지만 우리는 아주 똑같은 자기장을 만들어 내기 위해 다른 벡터 퍼텐셜 $\vec{A'}$ (오직 x 성분만 갖고 있다.)을 이용했을 수도 있었다.

$$
\begin{aligned}
A'_x &= -by \\
A'_y &= 0 \\
A'_z &= 0.
\end{aligned}
\tag{9}
$$

연습 문제 3: 식 (8)과 식 (9)의 벡터 퍼텐셜이 모두 똑같이 균일한 자기장을 만든다는 것을 보여라. 이는 두 벡터 퍼텐셜이 그래디언트만큼 차이가 난다는 뜻이다. 자신의 그래디언트를 식 (8)에 더했을 때 식 (9)가 되는 스칼라를 구해라.

똑같은 자기장을 기술하기 위해 하나의 벡터 퍼텐셜에서 다른 벡터 퍼텐셜로 바꾸는 조작에는 이름이 있다. 바로 게이지 변환(gauge transformation)이다. 왜 길이를 잰다는 뜻의 gauge를 쓰는가? 이는 역사적인 문제이다. 한때 이 변환이 다른 위치에서 길이를 잴 때의 모호함을 반영하는 것이라고 잘못 생각한 적이 있었다.

벡터 퍼텐셜이 모호하고 자기장이 아주 명료하다면, 도대체 왜 벡터 퍼텐셜로 사람을 괴롭히는 것일까? 답은 이렇다. 벡터 퍼텐셜이 없었다면 우리는 자기장 속에 있는 입자들에 대해 최소 작용의 원리, 라그랑지안, 해밀토니안, 푸아송 역학 공식 등을 표현할 수가 없었을 것이다. 이는 아주 묘한 상황이다. 물리적 사실은 게이지 불변이지만, 그것을 공식화하기 위해서는 우리가 게이지를 골라야만 한다. (특별한 벡터 퍼텐셜을 고르는 것이다.)

대전된 입자에 작용하는 힘

전기적으로 대전된 입자는 전기장 $\vec{E}$ 와 자기장 $\vec{B}$ 의 영향을 받는다. 전기장에 의한 힘은 단순하며 우리가 앞선 장들에서 공부했던 형태이다. 구체적으로 그 힘은 퍼텐셜 에너지의 그래디언트이다. 전기장을 써서 표현하면 다음과 같다.

$$\vec{F} = e\vec{E}.$$

여기서 e는 입자의 전하량이다. 정적인(시간에 의존하지 않는) 전기장은 회전이 없으며 따라서 어떤 스칼라 함수의 그래디언트이어야 한다는 것은 전자기 이론의 규칙이다. 통상적인 표기법은 다음과 같다.

$$\vec{E} = -\vec{\nabla} V$$

이며 따라서 힘은 다음과 같이 쓸 수 있다.

$$\vec{F} = -e\vec{\nabla} V .$$

퍼텐셜 에너지는 eV이며 모든 것은 완전히 통상적이다.

대전된 입자에 작용하는 자기력은 이와 다르며 약간 더 복잡하다. 자기력은 자기장의 값을 통해 입자의 위치에 의존할 뿐만 아니라 그 입자의 속도에도 의존한다. 이를 속도 의존력이라고 부른다. 대전된 입자에 작용하는 자기력을 처음 쓴 사람은 네덜란드의 위대한 물리학자였던 헨드릭 안톤 로런츠(Hendrik Antoon Lorentz)였다. 그래서 로런츠 힘(Lorentz force)이라 부른다. 이 힘은 입자의 속도 벡터 및 광속과 연관되어 있다.

$$\vec{F} = \frac{e}{c}\vec{v} \times \vec{B}. \tag{10}$$

로런츠 힘은 속도와 자기장 모두에 수직이라는 것에 유의하라. 식 (10)을 뉴턴의 $\vec{F} = m\vec{a}$ 와 결합하면 자기장 속의 입자에 대한 다음의 운동 방정식을 얻는다.

$$m\vec{a} = \frac{e}{c}\vec{v} \times \vec{B}. \tag{11}$$

로런츠 힘은 우리가 마주한 첫 번째 속도 의존력이 아니다. 회전하는 좌표계에는 2개의 소위 가짜 힘이 있다는 것을 떠올려 보자. 원심력과 (더 중요한 것은) 코리올리 힘이 그것이다. 코리올리 힘은 다음과 같이 주어진다.

$$\vec{F} = 2m\vec{v} \times \vec{\omega}. \tag{12}$$

여기서 $\vec{\omega}$ 는 회전하는 좌표계의 각속도를 나타내는 벡터이다.

코리올리 힘과 로런츠 힘은 아주 비슷하다. 자기장과 각속도가 똑같은 역할을 하고 있다. 물론 모든 자기장이 균일한 것은 아니다. 그래서 자기장의 상황이 코리올리의 경우보다 훨씬 더 복잡할 수 있다.

라그랑지안

이 모든 것이 한 가지 의문을 불러일으킨다. 작용, 또는 라그랑지안에서 자기력을 역학의 형태로 어떻게 표현할 것인가? 작용을 나타내는 기호와 벡터 퍼텐셜을 나타내는 기호가 모두 A라는 점 때문에 혼란이 생길 수도 있다. 앞으로는 A를 작용으로, $\vec{A}$ 나 A_i를 벡터 퍼텐셜로 사용할 것이다. 전기장은 무시하거나 0과 같다고 놓고 자기력, 즉 로런츠 힘에 집중하자. 힘이 없는 자유 입자에 대한 작용부터 시작해 보자.

$$A = \int_{t_0}^{t_1} L(x, \dot{x})dt.$$

여기서 다음 식을 얻을 수 있다.

$$L = \frac{m}{2}(\dot{x}_i)^2.$$

이때 i는 공간의 방향을 나타내며 x, y, z에 대한 덧셈을 나타내는 Σ 기호는 암묵적으로 생략했다. 익숙해지길 바란다. 로런츠 힘을 야기하기 위해 작용 또는 라그랑지안에 무엇을 더할 수 있을까? 그 답이 뻔하지는 않다. 하지만 우리는 추가적인 요소가 무엇이든 간에 그것이 전하에 비례해야만 하며 또한 어떤 형태의 자기장과 결부되어야 한다는 점을 알고 있다.

이런 생각 언저리에서 시도해 볼 수는 있겠지만 좌절하고 말 것이다. 로런츠 힘을 끄집어내기 위해 $\vec{B}$ 와 관련된 것으로 직접 할 수 있는 것은 아무것도 없다. 핵심은 벡터 퍼텐셜이다. 우리가 벡터 퍼텐셜로 할 수 있는 가장 간단한 것은 그것을 속도 벡터에 내적으로 곱하는 것이다. 라그랑지안은 오직 위치와 속도에만 연관되어 있다는 것을 기억하라. 위치 벡터와 $\vec{A}$ 의 내적 또한 시도해 볼 수도 있지만 아주 잘 작동하지는 않는다. 그래서 라그랑지안에 다음의 항을 더해 보자.

$$\frac{e}{c}\vec{v}\cdot\vec{A}(x) = \frac{e}{c}\sum_i[(\dot{x}_i\, A_i(x))]. \qquad (13)$$

광속을 포함한 이유는 광속이 전하량과 함께 로런츠 힘에 나타나기 때문이다. 그래서 다음의 작용을 시도해 보자.

$$A = \int_{t_0}^{t_1}\sum_i\left[\frac{m}{2}(\dot{x}_i)^2 + \frac{e}{c}\dot{x}_i\cdot A_i(x)\right]dt. \qquad (14)$$

이제 여러분은 아마도 운동 방정식은 벡터 퍼텐셜과 연관되지 않으며 오직 자기장에만 연관된다고 이의를 제기할지도 모르겠다.

우리는 벡터 퍼텐셜이 유일하지 않다는 것을 알고 있다. 그렇다면 게이지 변환 $\overrightarrow{A'} = \overrightarrow{A} + \overrightarrow{\nabla} s$를 했을 때 다른 답을 얻지 않을까? 그렇게 했을 때 작용에 어떤 일이 벌어지는지 알아보자.

작용의 중요한 부분은 식 (13)에서

$$A_L = \frac{e}{c}\int_{t_0}^{t_1}\sum_i [\dot{x}_i A_i(x)]\, dt$$

의 항이다. 보다 구체적으로는 다음과 같이 쓸 수 있다.

$$A_L = \frac{e}{c}\int_{t_0}^{t_1}\sum_i \left[A_i(x)\frac{dx_i}{dt}\right] dt.$$

이 식에서 A_L은 우리가 로런츠 힘을 설명하기 위해 작용에 시험 삼아 더하는 부분이다. 그래서 첨자 L이 붙었다. $\overrightarrow{A}$ 에 $\overrightarrow{\nabla} s$를 더해서 바꾼다고 해 보자. 언뜻 보기에는 다음 항인

$$\frac{e}{c}\int_{t_0}^{t_1}\sum_i \left(\frac{\partial s}{\partial x_i}\frac{dx_i}{dt}\right) dt$$

를 더하면 A_L이 바뀌는 것처럼 보인다. 자세히 들여다보면 이 항은 모두 결국에는 간단하게 표현된다. 분자와 분모의 dt는 상쇄된다.

$$\frac{e}{c}\sum_i \left(\int_{t_0}^{t_1}\frac{\partial s}{\partial x_i}\, dx_i\right).$$

그러면 전체 항은 궤적의 시작점에서의 s의 값과 궤적의 끝점에서의 s의 값의 차이일 뿐이다. 즉 게이지 변환은 작용에 $s_1 - s_0$의 항을 더했다. 여기서 s_0와 s_1은 각각 궤적의 초기 위치와 나중 위치에서의 s의 값이다. 즉 게이지 변환에 의한 작용의 변화는

$$s_1 - s_0 \tag{15}$$

가 된다. 이런 변화가 운동 방정식에 어떤 차이점을 유발할까? 최소 작용의 원리가 실제로 무엇을 말하는지 정확하게 떠올려 보자. 공간과 시간 속에 주어진 임의의 두 점 (x_0, t_0)와 (x_1, t_1)에 대해 이 둘을 잇는 많은 궤적이 존재한다. 하지만 오직 하나만이 입자가 취하는 진짜 궤적이다. 진짜 궤적은 작용을 최소화하는, 또는 작용을 정적으로 만드는 궤적이다. 그래서 우리가 할 일은 정적인 작용의 풀이를 찾을 때까지 두 점을 잇는 모든 궤적을 조사하는 것이다. 그 원리로부터 우리는 오일러-라그랑주 운동 방정식을 유도했다.

식 (15)에서 볼 수 있듯이 게이지 변환은 작용을 바꾼다. 하지만 우리가 끝점을 바꿀 때만 그렇다. 만약 끝점에 고정된 채로 유지된다면 작용에서의 그 변화는 아무런 효과가 없다. 정적인 점은 끝점을 움직이지 않고 궤적을 바꾸는 것에만 관련이 있다. 작용이 바뀌더라도 운동 방정식은 바뀌지 않으며 그 풀이 또한 바뀌지 않는다. 이를 두고 우리는 운동 방정식과 그 풀이가 게

이지 불변이라고 말한다.

전문 용어로 한 가지만 더 말하자면 똑같은 물리적 상황을 기술하는 벡터 퍼텐셜의 선택 가능성이 많으므로, 특정한 한 가지 선택을 간단히 게이지라 부른다. 예를 들어 식 (8)과 식 (9)는 똑같은 균일한 자기장을 기술하는 2개의 다른 게이지이다. 어떤 실험 결과도 게이지 선택에 의존하지 말아야 한다는 물리학의 원리를 게이지 불변이라 부른다.

운동 방정식

식 (14)의 작용으로 돌아가 보자. 그리고 라그랑지안을 아주 명시적으로 써 보자.

$$L = \frac{m}{2}(\dot{x}^2 + \dot{y}^2 + \dot{z}^2) + \frac{e}{c}(\dot{x}A_x + \dot{y}A_y + \dot{z}A_z). \qquad (16)$$

x부터 시작하면 오일러-라그랑주 운동 방정식은 다음과 같다.

$$\dot{p}_x = \frac{\partial L}{\partial x}. \qquad (17)$$

먼저 정규 운동량부터 살펴보자. 여러분은 운동량이 단지 보통의 질량과 속도의 곱이라고 생각할지 모르겠으나, 그것은 옳지 않다. 올바른 정의는 이렇다. 운동량이란 라그랑지안의 속도 성분에 대한 미분이다. 그 결과 자기장이 없는 보통 입자의 라그랑지

안에 대해 $p = mv$이다. 식 (16)으로부터 우리는

$$p_x = m\dot{x} + \frac{e}{c}A_x \tag{18}$$

를 얻는다.

이 때문에 여러분이 걱정할지도 모르겠다. 이 식은 정규 운동량이 게이지 불변이 아니라는 것을 암시한다. 사실이다. 하지만 아직 끝난 것이 아니다. 해야 할 일이 두 가지 더 있다. p_x의 시간 도함수를 계산해야 하고 또한 식 (17)의 우변을 계산해야 한다. 만약 우리가 운이 좋다면, 아마도 모든 게이지 의존 항들은 상쇄될 것이다.

식 (17)의 좌변은 이렇게 쓸 수 있다.

$$\begin{aligned}\dot{p}_x &= ma_x + \frac{e}{c}\frac{d}{dt}A_x \\ &= ma_x + \frac{e}{c}\left(\frac{\partial A_x}{\partial x}\dot{x} + \frac{\partial A_x}{\partial y}\dot{y} + \frac{\partial A_x}{\partial z}\dot{z}\right).\end{aligned}$$

여기서 a_x는 가속도의 x 성분이다.

식 (17)의 우변은 다음과 같다.

$$\frac{\partial L}{\partial x} = \frac{e}{c}\left(\frac{\partial A_x}{\partial x}\dot{x} + \frac{\partial A_y}{\partial x}\dot{y} + \frac{\partial A_z}{\partial x}\dot{z}\right).$$

이제 좌변과 우변을 결합하면 다음과 같이 된다.

$$ma_x = \frac{e}{c}\left(\frac{\partial A_y}{\partial x} - \frac{\partial A_x}{\partial y}\right)\dot{y} + \frac{e}{c}\left(\frac{\partial A_z}{\partial x} - \frac{\partial A_x}{\partial z}\right)\dot{z}. \qquad (19)$$

식 (19)는 복잡해 보이지만 다음 도함수의 조합

$$\frac{\partial A_y}{\partial x} - \frac{\partial A_x}{\partial y}$$

와

$$\frac{\partial A_z}{\partial x} - \frac{\partial A_x}{\partial z}$$

는 식 (7)에서 우리가 보았던 것들이다. 즉 자기장의 z와 y 성분이다. 우리는 식 (19)를 훨씬 더 간단한 형태로 다시 쓸 수 있다.

$$ma_x = \frac{e}{c}(B_z\dot{y} - B_y\dot{z}). \qquad (20)$$

식 (20)을 자세히 들여다보자. 많은 것이 인상적일 것이다. 무엇보다 이 방정식은 게이지 불변이다. 우변에서 벡터 퍼텐셜은 완전히 사라졌고 자기장만 남았다. 좌변은 질량과 가속도의 곱, 즉 뉴턴의 방정식 좌변이다. 사실 식 (20)은 뉴턴-로런츠 운동 방정식 (11)의 x 성분에 다름 아니다.

대체 왜 벡터 퍼텐셜을 도입해서 우리를 괴롭히는가 하고 궁금해할지도 모르겠다. 왜 그냥 게이지 불변인 뉴턴-로런츠 방정식을 쓰지 않을까? 답은 이렇다. 그렇게 할 수 있다. 하지만 그렇게 되면 우리는 방정식을 최소 작용의 원리 또는 해밀턴 운동 방정식으로 공식화할 수 있는 어떤 가능성도 잃어버리게 된다. 그것이 고전 이론에서는 그다지 비극이 아닐지도 모른다. 하지만 양자 역학에서는 대재앙이다.

해밀토니안

자기장 속의 대전된 입자에 대한 해밀토니안을 논하기 전에, 입자의 운동량에 대한 정의로 돌아가 보자. 여전히 혼란스러울 것이다. 이유는 2개의 분리된 개념이 존재하기 때문이다. 역학적 운동량과 정규 운동량이 그 둘이다. 역학적 운동량은 기초 역학(운동량은 질량과 속도의 곱과 같다.)에서 배운 것이고 정규 운동량은 고등 역학(정규 운동량은 라그랑지안의 속도에 대한 도함수와 같다.)에서 배운 것이다. 라그랑지안이 그저 운동 에너지와 퍼텐셜 에너지의 차이로 주어지는 가장 단순한 경우에는 두 종류의 운동량이 똑같다. 왜냐하면 속도에 유일하게 의존하는 항이 $\frac{1}{2}mv^2$이기 때문이다.

하지만 일단 라그랑지안이 더 복잡해지면 두 종류의 운동량은 같지 않을 수도 있다. 식 (18)이 그런 예이다. 정규 운동량은 역학적 운동량과 벡터 퍼텐셜에 비례하는 항의 합이다. 우리는 이것을 벡터 표기법으로 쓸 수 있다.

$$\vec{p} = m\vec{v} + \frac{e}{c}\vec{A}(x). \qquad (21)$$

역학적 운동량은 익숙할 뿐만 아니라 게이지 불변이다. 직접적으로 관측 가능하며, 그런 뜻에서 '실재'한다. 정규 운동량은 익숙하지 않고 덜 실재적이다. 게이지 변환을 하면 바뀐다. 하지만 실재적이든 아니든, 대전된 입자의 역학을 라그랑지안과 해밀토니안의 언어로 표현하고자 한다면 정규 운동량이 꼭 필요하다.

해밀토니안으로 넘어가기 위해 정의를 떠올려 보자.

$$H = \sum_i (p_i \dot{q}_i) - L.$$

이는 우리의 경우에 이렇게 된다.

$$H = \sum_i \left\{ p_i \dot{x}_i - \left[\frac{m}{2}(\dot{x}_i)^2 + \frac{e}{c}\dot{x}_i \cdot A_i(x) \right] \right\}. \qquad (22)$$

이것을 계산해 보자. 먼저 속도를 없앨 필요가 있다. 해밀토니안은 언제나 좌표와 운동량의 함수로 여겨진다. 이는 쉽다. 그저 식 (21)을 속도에 대해 p로 풀면 된다.

$$\dot{x}_i = \frac{1}{m}\left[p_i - \frac{e}{c}A_i(x) \right]. \qquad (23)$$

이제 식 (22)에서 속도 성분을 볼 때마다 식 (23)으로 대체하고 약간만 정리하면 된다. 아마 다음과 같은 결과를 얻을 것이다.

$$H = \sum_i \left\{ \frac{1}{2m} \left[p_i - \frac{e}{c} A_i(x) \right] \left[p_i - \frac{e}{c} A_i(x) \right] \right\}. \quad (24)$$

> **연습 문제 4: 식 (24)의 해밀토니안을 이용해 해밀턴 운동 방정식을 계산하고 그 결과가 정확히 뉴턴-로런츠 운동 방정식으로 되돌아가는 것을 보여라.**

식 (24)를 자세히 들여다보면 무언가 조금 놀라운 점을 알게 될 것이다. $\left[p_i - \frac{e}{c} A_i(x) \right]$의 조합은 역학적 운동량 mv_i이다. 해밀토니안은 단지

$$H = \frac{1}{2} mv^2$$

에 다름 아니다. 즉 그 수치는 대략적인 운동 에너지와 똑같다. 이는 (무엇보다) 에너지가 게이지 불변이라는 사실을 증명한다. 에너지는 보존되므로 대략적인 운동 에너지 또한 보존된다. 자기장이 시간에 따라 변하지 않는 한에서는 그렇다. 하지만 이는 입자의 운동이 자기장을 느끼지 못한다는 뜻이 아니다. 만약 운동 방정식을 찾기 위해 해밀토니안을 이용하고자 한다면 해밀토니안을 속도가 아니라 정규 운동량으로 표현해야 하고, 그러고서 해

밀턴 방정식을 이용해야만 한다. 다른 한편으로 속도를 써서 계산한 다음 라그랑지안 형태의 방정식을 이용할 수도 있다. 하지만 이 경우 라그랑지안은 대략적인 운동 에너지가 아니다. 어느 경우든 그 모든 것을 다 계산하면, 대전된 입자가 게이지 불변인 로런츠 자기력을 느낀다는 것을 알게 될 것이다.

균일한 자기장 속의 운동

균일한 자기장 속의 운동은 충분히 풀기 쉽다. 게다가 우리가 논의해 온 많은 원리들을 보여 준다. 자기장이 z 방향으로 놓여 있고 크기가 b라 하자. 이는 식 (6), (7), (8)에서 기술한 상황이다. 식 (8), (9)의 벡터 퍼텐셜을 선택하는 문제는 게이지 변환과 관련된 모호함의 한 예이다. 먼저 식 (8)을 선택해 ($A_x = 0, A_y = bx, A_z = 0$)을 이용해서 식 (24)의 해밀토니안을 써 보자.

$$H = \frac{1}{2m}\left[(p_x)^2 + (p_z)^2 + \left(p_y - \frac{e}{c}bx\right)^2\right].$$

역시나 처음 할 일은 보존 법칙을 찾는 것이다. 우리는 이미 하나를 알고 있다. 에너지 보존. 이미 보았듯이 에너지는 구닥다리 운동 에너지 $\frac{1}{2}mv^2$ 이다. 따라서 속도의 크기는 상수이다.

다음으로 H에 나타나는 유일한 좌표는 x이다. 이는 우리가 해밀턴 방정식을 계산할 때, p_x는 보존되지 않지만 p_z와 p_y는 보존된다는 것을 뜻한다. 그 의미가 무엇인지 살펴보자. 먼저 z 성분을 살펴보면, $A_z = 0$이므로 $p_z = mv_z$이고, p_z가 보존된다는 것은 속도의 z 성분이 상수라는 것을 말해 준다.

다음으로 p_y의 보존을 살펴보자. 이번에는 p_y가 mv_y와 같지 않고 $mv_y + \frac{e}{c}bx$와 같다. 그렇다면 p_y가 보존된다는 것은

$$ma_y + \frac{e}{c}bv_x = 0$$

이고, 즉

$$a_y = -\frac{eb}{mc}v_x \tag{25}$$

라는 것을 말해 준다. p_y의 보존이 속도의 y 성분이 보존된다는 것을 뜻하지 않음에 유의해라.

p_x는 어떨까? H가 명시적으로 x에 의존하므로 p_x는 보존되지 않을 것 같다. 해밀턴 방정식을 이용해서 가속도의 x 성분을 결정할 수도 있겠지만, 나는 다른 식으로 계산하고자 한다. 식 (8)을 이용하는 대신, 나는 중간에 게이지를 바꾸어 식 (9)를 이용할 것이다. 물리 현상은 변하지 말아야 한다는 사실을 기억하라. 식 (9)를 이용한 새로운 해밀토니안은 다음과 같다.

$$H = \frac{1}{2m}\left[\left(p_x + \frac{e}{c}by\right)^2 + (p_y)^2 + (p_z)^2\right].$$

이제 해밀토니안은 x에 의존하지 않는다. 이는 p_x가 보존된다는 것을 뜻한다. 어떻게 그럴 수가 있을까? 앞서 우리는 식 (8)을 이용했을 때 운동량의 x 성분인 p_x가 보존되지 않는다는 것을 보였다. 답은 이렇다. 게이지 변환을 하면 p의 성분도 바뀐다. 두 경우에서 p_x는 똑같은 의미를 갖지 않는다.

새로운 게이지에서 p_x가 보존된다는 말의 의미를 살펴보자. 식 (9)를 이용하면 $p_x = mv_x - \frac{e}{c}by$이다. 따라서 p_x 보존은 다음과 같이 표현할 수 있다.

$$a_x = \frac{eb}{mc}v_y. \tag{26}$$

이제 여러분은 식 (25)와 식 (26)이 비슷하다는 것을 이미 눈치 챘을 것이다. 이것이 균일한 자기장 속에서의 뉴턴–로런츠 운동 방정식이다.

> **연습 문제 5:** xy 평면에서 식 (25)와 식 (26)의 풀이는 그 평면 위의 임의의 점을 궤도의 중심으로 하는 원 궤도라는 것을 보여라. 궤도의 반지름을 속도를 써서 구하라.

게이지 불변

자기력을 마지막 강의로 남겨 둔 이유는 나중에 우리가 공부를 하면서 양자 역학과 장론에 이르렀을 때 여러분이 이 단원을 기억하기를 바랐기 때문이다. 게이지장과 게이지 불변은 라그랑지안 형태에서 로런츠 힘을 쓸 때의 사소한 가공물이 아니다. 양자 전기 동역학에서 일반 상대성 이론과 그 너머에 이르기까지 모든 것의 기초가 되는 핵심적인 지도 원리이다. 응집 물질 물리학에서도 주도적인 역할을 한다. 예를 들면 초전도성처럼 실험실에서 볼 수 있는 모든 종류의 현상들을 설명할 때도 그렇다. 나는 게이지라는 아이디어의 의미를 복습하면서 고전 역학에 대한 이 강의를 마치려고 한다. 하지만 진짜 중요성은 이후의 강의에서야 비로소 분명해질 것이다.

게이지장(gauge field, 벡터 퍼텐셜이 가장 기초적인 예이다.)의 가장 단순한 의미는 어떤 제한 조건들을 확실히 만족하기 위해 도입한 보조 장치이다. 자기장의 경우 임의의 $\vec{B}(x)$가 허용되는 것이 아니다. 제한 조건은 $\vec{B}(x)$가 발산이 없다는 것이다.

$$\vec{\nabla} \cdot \vec{B} = 0.$$

이를 확실히 하기 위해 우리는 자기장을 무언가($\vec{A}(x)$)의 회전으로 쓴다. 왜냐하면 회전은 자동적으로 발산이 없기 때문이다. 이는 $\vec{B}(x)$가 제한되어 있다는 사실에 대해 대놓고 걱정할 필요를 피해 가는 요령이다.

하지만 우리는 곧 $\vec{A}(x)$ 없이는 계속 나아가지 못한다는 것을 알게 된다. 벡터 퍼텐셜 없이는 라그랑지안으로부터 로런츠 힘의 법칙을 유도할 길이 없다. 이것은 반복되는 양식이다. 라그랑지안이나 해밀토니안 양식에서 현대 물리학의 방정식을 쓰려면 보조 게이지장을 도입해야만 한다.

하지만 게이지장은 또한 비직관적이고 추상적이다. 게이지장이 필수 불가결함에도 불구하고, 여러분은 물리학을 바꾸지 않으면서 이것들을 바꿀 수 있다. 그런 변환을 게이지 변환이라 부른다. 그리고 물리적 현상이 바뀌지 않는다는 사실을 게이지 불변이라 부른다. 게이지장은 실재일 수가 없다. 왜냐하면 게이지 불변인 물리학을 건드리지 않고서 게이지장을 바꿀 수 있기 때문이다. 하지만 우리는 물리 법칙을 게이지장 없이 표현할 수 없다.

나는 성급한 통찰로 이 긴장을 해결하지는 않을 참이다. 그것이 게이지장이 존재하는 방식이라고만 말할 뿐이다. 물리 법칙은 게이지장을 수반하지만, 객관적인 현상은 게이지 불변이다.

이제 안녕

우리는 이제 고전 역학을 마쳤다. 여러분이 잘 따라왔다면, 여러분은 '최소한의 이론'을 알게 된 셈이다. 다음 단계로 계속 나아가기 위해 고전 역학에 관해 알아야 할 모든 것 말이다. 『물리의 정석: 양자 역학 편』에서 만나기를!

부록

중심력과 행성 궤도

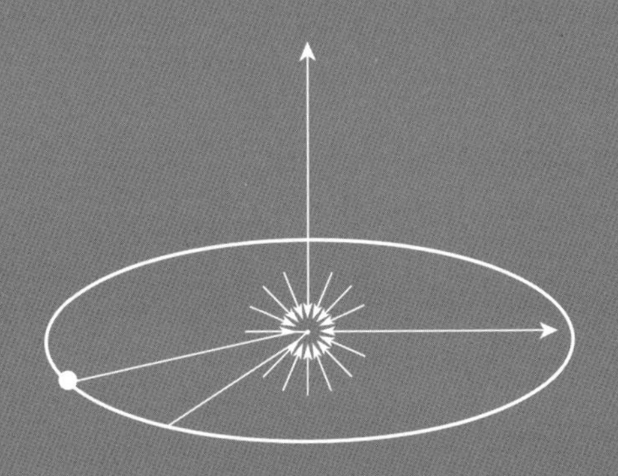

레니는 몸을 굽혀 망원경의 접안렌즈 속을 들여다보았다.

그렇게 해 본 것이 처음이었다.

레니는 토성의 고리를 보고서 그 아름다움에 감탄했다.

"조지, 그 고리를 봤나?"

조지가 고개를 끄덕이며 말했다.

"그럼, 봤지."

레니는 친구를 올려다보았다.

"그 고리는 어디서 온 거지?"

조지가 말했다.

"지구가 태양 주변을 도는 것과 마찬가지야."

레니가 끄덕였다.

"지구는 어떻게 도는 거지?"

중력의 중심력

중심력장은 중심, 즉 공간의 한 점을 향해 가리키는 힘이다. (그림 1을 보라.) 또한 어떤 힘이 중심력이려면 힘의 크기는 모든 방향에서 똑같아야 한다.

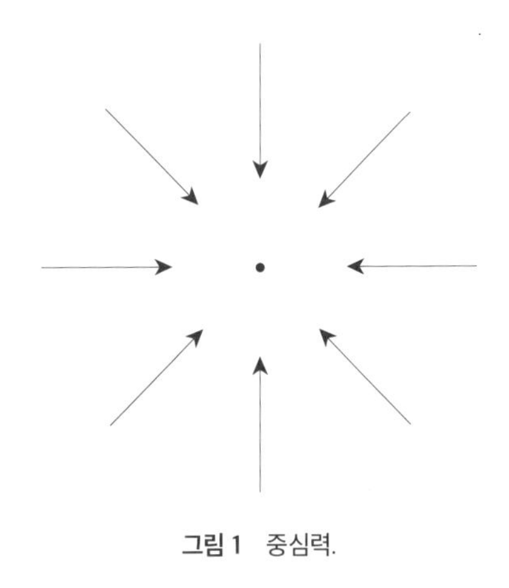

그림 1 중심력.

뻔한 대칭성(회전 대칭성) 말고는 수학적인 관점에서 보았을 때 중심력에 관해 아주 특별한 것은 하나도 없다. 하지만 물리학 그리고 물리학의 역사에서 그 역할은 아주 특별하다. 뉴턴이 가장 처음 풀었던 문제(행성 궤도의 문제)가 바로 중심력 문제였다. 수소 원자핵 주위의 궤도를 돌고 있는 전자의 운동도 중심력 문제이다. 서로가 궤도 운동을 하며 간단한 분자를 형성하는 2개의 원자도 중심력 문제이다. 이때 그 중심은 질량 중심이다. 이 주제를 강의에서 다루기에는 시간이 충분하지 않았기에 여기 부록으로 추가했다.

자신보다 훨씬 더 무거운 태양 주위의 궤도를 도는 지구의 운동에 초점을 맞추어 보자. 뉴턴의 법칙에 따르면 태양이 지구에 미치는 힘은 지구가 태양에 미치는 힘과 크기가 똑같고 방향이 반대이다. 게다가 그 힘의 방향은 두 천체를 연결하는 선을 따라 놓여 있다. 태양이 지구보다 훨씬 더 무겁기 때문에 태양의 운동은 무시할 만하며, 그래서 고정된 위치에 놓여 있다고 생각할 수 있다. 우리는 태양이 원점 $x = y = z = 0$에 있도록 좌표를 잡을 수 있다. 이와 반대로 지구는 원점 주위의 궤도를 움직인다. 지구의 위치를 x, y, z 성분을 가진 벡터 $\vec{r}$로 표시하자. 태양이 원점이 위치해 있으므로 지구에 작용하는 힘은 그림 1에서와 같이 원점을 가리키고 있다. 게다가 힘의 크기는 원점으로부터의 거리 r에만 의존한다. 이런(원점을 가리키며 거리에만 의존하는) 성질을 가진 힘을 중심력(central force)이라고 부른다.

막간 1의 단위 벡터를 다시 써 보자.

$$\hat{r} = \frac{\vec{r}}{r}.$$

중심력의 정의는 방정식의 형태로

$$\vec{F} = f(\vec{r})\hat{r}.$$

여기서 $f(\vec{r})$는 두 가지를 결정한다. 첫째, $f(\vec{r})$의 크기는 지구가 거리 r에 있을 때의 힘의 크기이다. 둘째, $f(\vec{r})$의 부호는 그 힘이 태양을 향하는지 또는 멀어지는지, 즉 그 힘이 인력인지 척력인지를 결정한다. 특히, 만약 $f(\vec{r})$가 양수이면 그 힘은 태양에서 멀어지는 방향(척력)으로 작용하며, 음수이면 그 힘은 태양을 향하는 방향(인력)으로 작용한다.

태양과 지구 사이의 힘은 물론 중력이다. 뉴턴의 중력 법칙에 따르면 질량이 m_1과 m_2인 두 물체 사이의 중력은 다음 성질을 갖는다.

> **N1: 중력은 인력이며 두 물체의 질량의 곱과 G라 불리는 상수에 비례한다. 오늘날 우리는 G를 뉴턴 상수라 부른다. 그 값은 $G \approx 6.673\ \mathrm{m^3kg^{-1}s^{-2}}$ 이다.**
>
> **N2: 중력은 두 질량 사이의 거리의 제곱에 반비례한다.**

요약하자면 중력은 인력이며 크기는 $\frac{Gm_1 m_2}{r^2}$ 이다.

즉 함수 $f(\vec{r})$는

$$f(\vec{r}) = \frac{Gm_1 m_2}{r^2}$$

로 주어지며, 결국 중력은 다음과 같이 쓸 수 있다.

$$\vec{F}_{중력} = -\frac{Gm_1 m_2}{r^2}\hat{r}.$$

지구－태양이라는 계의 경우에 대해 태양의 질량을 M, 지구의 질량을 m이라 표기하자. 지구에 작용하는 힘은 다음과 같다.

$$\vec{F}_{중력} = -\frac{GMm}{r^2}\hat{r}.$$

지구의 궤도에 관한 운동 방정식은 보통의 $F = ma$이다. 중력을 이용하면 이런 식을 얻는다.

$$m\frac{d^2\vec{r}}{dt^2} = -\frac{GMm}{r^2}\hat{r}.$$

흥미로운 사실이 있다. 지구의 질량은 방정식의 양변에서 상쇄된다. 따라서 운동 방정식은 지구의 질량에 의존하지 않는다.

$$\frac{d^2\vec{r}}{dt^2} = -\frac{GM}{r^2}\hat{r}. \quad (1)$$

위성처럼 아주 다른 질량의 물체도 태양 주변을 지구와 똑같은 궤도로 움직인다. 여기에는 한 가지 주의 사항이 있다. 이는 태양이 지구나 위성과 비교했을 때 아주 무거워서 태양의 운동을 무시할 수 있을 때만 사실이다.

중력 퍼텐셜 에너지

중력은 퍼텐셜 에너지 함수로부터 유도할 수 있다. 힘은 퍼텐셜 에너지의 음의 그래디언트와 연관되어 있다는 점을 떠올려 보자.

$$\vec{F} = -\vec{\nabla}V.$$

중력의 경우 V의 형태를 추론하기란 그리 어렵지 않다. 우선 중력이 상수 GMm에 비례하기 때문에 퍼텐셜 에너지 또한 이 인수를 가질 것으로 예상할 수 있다.

다음으로 힘의 크기가 오직 거리 r에만 의존하므로 퍼텐셜 에너지 $V(r)$ 또한 r에만 의존할 것으로 기대할 수 있다. 마지막으로 $V(r)$을 미분해서 힘을 얻어야 하고, 또 힘은 $\frac{1}{r^2}$에 비례하므로 퍼텐셜 에너지는 $-\frac{1}{r}$에 비례해야만 한다. 따라서 자연스럽게

$$V(r) = -\frac{GMm}{r}$$

으로 시도해 볼 수 있다. 사실 이것은 정확하게 옳은 형태이다.

지구는 평면 위에서 움직인다

앞서 우리는 중심력 문제가 대칭성을 갖고 있다고 말했다. 여러분은 아마도 그것이 원점 중심의 회전 대칭성임을 알아차릴 것이다. 7강에서 설명했듯이 그 대칭성이 의미하는 바는 각운동량 보존이다. 어느 순간에 지구가 $\vec{r}$의 위치에 있고 속도가 $\vec{v}$라 하자. 우리는 이 두 벡터와 태양의 위치를 하나의 평면(지구 궤도가 반복되는 평면) 위에 놓을 수 있다.

각운동량 벡터 $\vec{L}$은 외적 $\vec{r} \times \vec{v}$에 비례한다. 따라서 각운동량은 $\vec{r}$과 $\vec{v}$에 모두 수직이다. (그림 2를 보라.) 즉 각운동량은 궤도 평면에 수직이다. 이 사실은 각운동량 보존과 결합했을 때 강력한 힘을 발휘한다. 각운동량이 보존된다는 것은 벡터 $\vec{L}$이 결코 변하지 않음을 뜻한다. 이로부터 우리는 궤도 평면이 결코 변하지 않는다는 결론에 이른다. 간단히 말해 지구 궤도와 태양은 변하지 않는 고정된 평면 속에 영원히 놓여 있게 된다. 이를

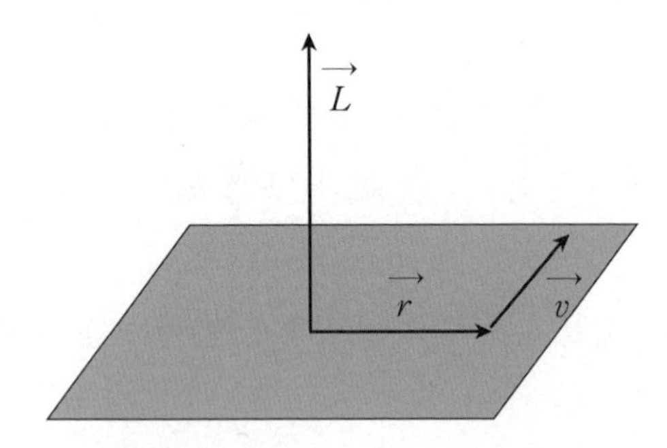

그림 2 각운동량 $\vec{L}$, 위치 벡터 $\vec{r}$, 속도 벡터 $\vec{v}$ 사이의 관계.

알면 우리는 지구 궤도가 xy 평면 속에 있게끔 좌표를 돌릴 수 있다. 그렇다면 전체 문제는 2차원 문제이며 세 번째 좌표인 z는 아무런 역할을 하지 않는다.

극 좌표

우리는 데카르트 좌표인 (x, y)로 계산할 수도 있지만, 중심력 문제는 극 좌표 (r, θ)에서 훨씬 더 풀기가 쉽다.

$$r = \sqrt{x^2 + y^2}$$
$$\cos\theta = \frac{x}{r}.$$

극 좌표계에서는 지구 운동 에너지가 아주 간단하다.

$$T = \frac{m}{2}(\dot{r}^2 + r^2\dot{\theta}^2). \qquad (2)$$

퍼텐셜 에너지는 훨씬 더 간단하다. θ와 전혀 관계가 없다.

$$V(r) = -\frac{GMm}{r}. \qquad (3)$$

운동 방정식

대개 그러하듯이 운동 방정식에 이르는 가장 쉬운 길은 라그랑지안 방법을 통해서이다. 라그랑지안은 운동 에너지와 퍼텐셜 에너지의 차이, 즉 $L = T - V$라는 점을 떠올려 보자. 식 (2)와 식 (3)을 이용하면 극 좌표에서의 라그랑지안은 다음과 같다.

$$L = \frac{m}{2}(\dot{r}^2 + r^2\dot{\theta}^2) + \frac{GMm}{r}. \tag{4}$$

운동 방정식

$$\frac{d}{dt}\frac{\partial L}{\partial \dot{r}} = \frac{\partial L}{\partial r}$$

$$\frac{d}{dt}\frac{\partial L}{\partial \dot{\theta}} = \frac{\partial L}{\partial \theta}$$

는 명시적으로

$$\ddot{r} = r\dot{\theta}^2 - \frac{GM}{r^2} \tag{5}$$

과

$$\frac{d}{dt}(mr^2\dot{\theta}) = 0. \tag{6}$$

마지막 방정식은 보존 법칙의 형태를 띠고 있다. 놀랍지도 않은 것이, 이는 각운동량 보존이다. (엄밀히 말해 각운동량의 z 성분의 보존이다.) 각운동량은 전통적으로 기호 L로 표기한다. 하지만 우리는 L을 라그랑지안으로 쓰고 있으므로 대신에 p_θ를 쓸 것이다. 만약

우리가 어떤 특정한 순간에 p_θ를 안다면 우리는 그 값을 모든 시간에 대해 아는 셈이다. 우리는

$$mr^2\dot{\theta} = p_\theta \tag{7}$$

라 쓰고 p_θ를 상수로 취급해도 된다.

이 덕분에 우리는 각속도를 태양에서 지구까지의 거리로 표현할 수 있다. $\dot{\theta}$에 대해 방정식을 풀기만 하면 된다.

$$\dot{\theta} = \frac{p_\theta}{mr^2}. \tag{8}$$

우리는 각속도와 반지름 방향 거리 사이의 이 관계식으로 다시 돌아올 것이다. 하지만 우선 r에 대한 방정식으로 돌아가 보자.

$$m\ddot{r} = mr\dot{\theta}^2 - \frac{GMm}{r^2}. \tag{9}$$

식 (9)에서 각속도가 나타나는데, 식 (8)을 이용해서 대체할 수 있다.

$$m\ddot{r} = \frac{p_\theta^2}{mr^3} - \frac{GMm}{r^2}. \tag{10}$$

r에 대한 방정식은 흥미롭게 해석할 수 있다. 이는 마치 다음과

같이 조합된 '유효력(effective force)'의 영향 하에서 하나의 좌표 r에 대한 방정식인 것처럼 보인다.

$$F_{유효} = \frac{p_\theta^2}{mr^3} - \frac{GMm}{r^2}. \tag{11}$$

$-\frac{GMm}{r^2}$ 항은 정확히 중력이다. 하지만 첫눈에도 나머지 항은 놀라워 보인다. 사실 이는 원점 주위를 각운동하는 임의의 입자가 겪게 되는 가상의 원심력에 다름 아니다.

식 (11)이 정말로 실제 중력과 원심력 모두를 포함하는 전체 힘 속에서 움직이는 입자를 기술하는 것인 양 생각하면 유용하다. 물론 각운동량의 각 값에 대해 우리는 p_θ를 재조정해야 하지만, p_θ가 보존되므로 이 값은 고정된 숫자로 간주할 수 있다.

유효력이 주어지면 중력의 효과와 원심력의 효과를 포함하는 유효 퍼텐셜 에너지 또한 구축할 수 있다.

$$V_{유효} = \frac{p_\theta^2}{2mr^2} - \frac{GMm}{r}. \tag{12}$$

여러분도 다음 관계를 쉽게 확인할 수 있을 것이다.

$$F_{유효} = -\frac{dV_{유효}}{dr}.$$

실용적인 목적을 위해서는 r 운동이 단지 한 입자의 운동인

것처럼 취급할 수 있다. 운동 에너지는 보통의 $\frac{m\dot{r}^2}{2}$의 형태이고 퍼텐셜 에너지는 $V_{유효}$이며, 라그랑지안은 다음과 같다.

$$L_{유효} = \frac{m\dot{r}^2}{2} - \frac{p_\theta^2}{2mr^2} + \frac{GMm}{r}. \qquad (13)$$

유효 퍼텐셜 에너지 그래프

어떤 문제에 대한 느낌을 얻는 데는 퍼텐셜 에너지의 그래프를 그려 보는 것도 종종 좋은 생각이다. 예를 들어 평형점(계가 정지해 있는 곳)은 퍼텐셜 에너지의 정류점(최소점, 최대점)과 같게 볼 수 있다. 중심력 운동을 이해할 때 우리도 정확하게 이와 똑같은 일을 할 것이다. 다만 우리는 유효 퍼텐셜 에너지에 적용할 참이다. 그림 3이 보여 주듯, 우선 $V_{유효}$의 두 항을 따로 그려 보자. 두 항의 부호가 반대인 것에 유의하라. 원심력 항은 양수이고 중력 항은 음수이다. 그 이유는, 중력은 인력인 반면 원심력은 입자를 원점에서 멀리 밀어내기 때문이다.

원점 근처에서는 원심력 항이 가장 중요하다. 하지만 r 값이 클 때는 중력 항의 크기가 더 크다. 이 둘을 결합하면 그림 4와 같은 $V_{유효}$의 그래프를 얻는다.

두 항을 결합하면 그래프에 최솟값이 생긴다는 점에 유의하라. 이것은 조금 이상해 보인다. 지구가 가만히 정지해 있는 평형점을 기대할 수는 없지 않은가. 하지만 우리는 각도 좌표 θ를 무

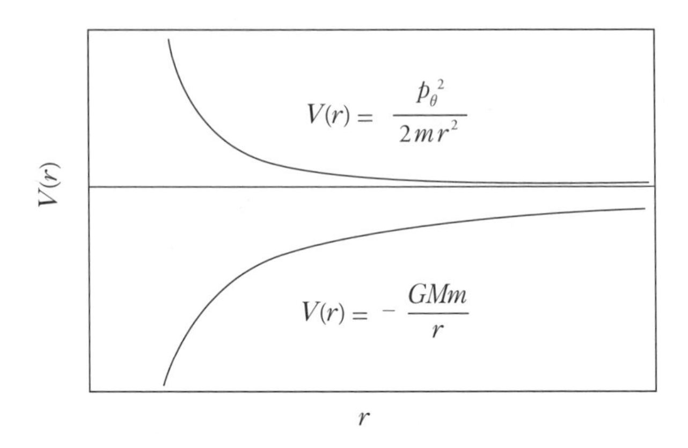

그림 3 원심력과 중력 항에 대한 퍼텐셜 에너지 그래프.

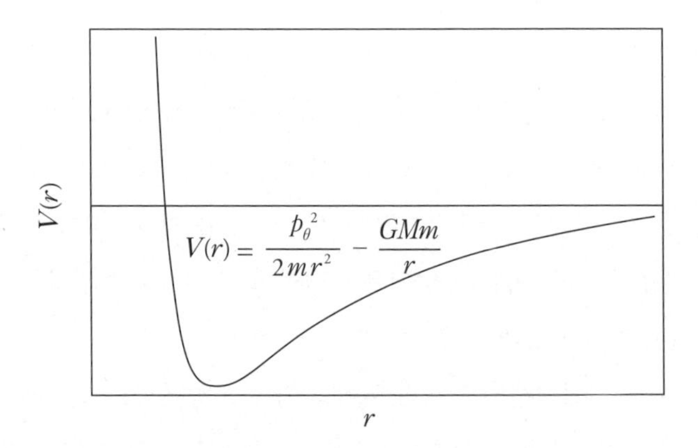

그림 4 원심력과 중력 항을 결합한 퍼텐셜 에너지 그래프.

시한 채 오로지 r의 움직임만 논의하고 있다는 점을 기억해야 한다. 요점은 이렇다. 태양 주위를 움직일 때 각각의 각운동량에 대

해 반지름 방향으로 상수의 거리를 유지하는 궤도가 존재한다. 그런 궤도는 원 궤도이다. $V_{유효}$의 그래프에서 원 궤도는 최소점에 정지해 자리잡고 있는 가상의 입자로 표현된다.

최소점에서의 r의 값을 계산해 보자. $V_{유효}$를 미분해서 도함수가 0과 같다고 놓기만 하면 된다. 계산이 쉬우므로 여러분을 위해 남겨 두겠다. 결과는 이렇다. 최소점은

$$r = \frac{p_\theta^2}{GMm^2} \tag{14}$$

에서 생긴다. 식 (14)를 쓰면 주어진 각운동량에 대해 지구의 궤도 반지름을 구할 수 있다. (원 궤도라 가정했을 때의 이야기이다. 이는 아주 옳지는 않다.)

케플러의 법칙

튀코 브라헤(Tycho Brahe)는 망원경이 등장하기 전인 16세기 덴마크의 천문학자였다. 망원경이 발명되기 전 튀코는 각도를 재는 긴 막대와 몇몇 기구의 도움으로 태양계 운동에 관한 최고의 기록을 작성했다. 그를 이론가라고 하기에는 다소 무리가 있다. 그의 유산은 기록이었다.

그 기록을 잘 써먹은 이는 튀코의 조수였던 요하네스 케플러(Johannes Kepler)였다. 케플러는 그 기록들을 취합해 관측 데이터를 간단한 기하학적 사실들에 짜 맞추었다. 케플러는 행성이

왜 자신의 법칙에 따라 움직이는지 알지 못했다. 현대적인 기준에서 보자면 '왜'에 대한 그의 이론은 이상해 보인다. 하지만 그는 올바른 사실을 얻었다.

뉴턴의 위대한 업적(어떤 의미에서 근대 물리학의 출발점)은 중력의 역제곱 법칙을 포함해서 자신의 운동 법칙을 통해 행성 운동에 관한 케플러의 법칙을 설명한 것이었다. 케플러의 세 법칙을 떠올려 보자.

K1: 모든 행성 궤도는 타원이며 태양은 두 초점 중 하나에 위치한다.

K2: 행성과 태양을 연결하는 선분은 똑같은 시간 간격 동안 똑같은 넓이를 훑고 지나간다.

K3: 공전 주기의 제곱은 궤도 반지름의 세제곱에 정비례한다.

K1, 타원의 법칙부터 시작해 보자. 앞서 우리는 원 궤도가 유효 퍼텐셜 에너지의 최소점에서의 평형점에 해당한다고 설명했다. 그런데 최소점이 아닌 그 근처에서는 유효 1차원 계가 앞뒤로 진동하는 그런 운동이 존재한다. 이런 형태의 운동은 지구가 주기적으로 태양에 가까워졌다가 멀어지게 한다. 한편 지구는 각운동량 L을 갖고 있으므로, 지구는 또한 태양 주위를 돌면서 움직여야만 한다. 즉 각도 θ는 시간이 증가함에 따라 같이 증가한다. 거리가 앞뒤로 진동하고 각도의 위치가 변하는 궤적은 결과적으로 타원이다. 궤도를 따라가면서 반지름 방향의 거리만 추

적을 하면 지구의 위치는 주기적으로 앞뒤로 움직인다. 이는 마치 유효 퍼텐셜 속에서 진동하고 있는 것과도 같다.

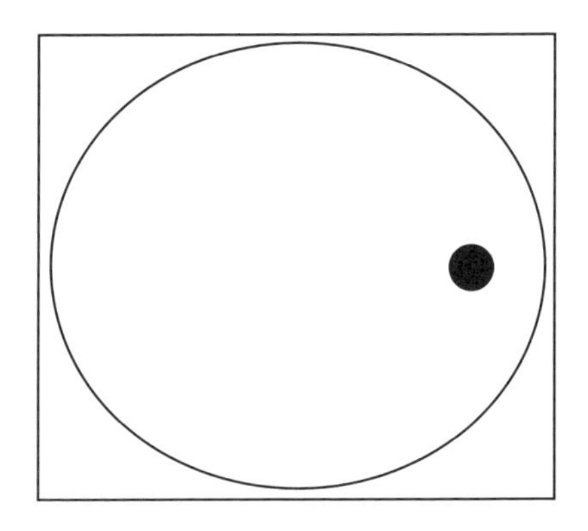

그림 5 태양 주위를 도는 지구의 타원 궤도.

궤도가 정확하게 타원이라는 사실을 증명하기는 약간 어려워서, 지금 여기서 증명하지는 않을 것이다.

유효 퍼텐셜 속 입자의 운동을 다른 각도에서 바라보자. 입자의 에너지가 아주 커서 퍼텐셜 에너지의 움푹 파인 구덩이를 완전히 탈출할 수 있다고 생각해 보자. 그런 궤도에서는 입자가 무한히 먼 곳에서 다가와 $r = 0$ 근처에서 퍼텐셜에 튕겨 밖으로 되돌아 나간다. 결코 다시 돌아오지 않는다. 그런 궤도는 확실히 존재하며, 쌍곡선 궤도라 부른다.

이제 K2로 옮겨가 보자. 케플러의 두 번째 법칙에 따르면 반지름 벡터가 타원을 훑고 지나갈 때 단위 시간당 훑고 지나가는 넓이는 항상 똑같다. 이는 어떤 보존 법칙처럼 들린다. 실제로도 그렇다. 바로 각운동량 보존이다. 식 (7)로 돌아가 질량 m으로 나누어 보자.

$$r^2\dot{\theta} = \frac{p_\theta}{m}. \tag{15}$$

반지름 방향의 직선이 어떤 넓이를 훑고 지나가는 상황을 상상해 보자. 짧은 시간 δt 동안 넓이는 $\delta\theta$만큼 변한다.

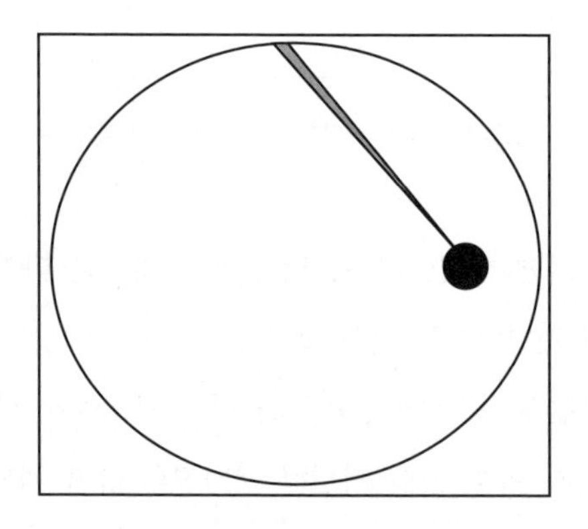

그림 6 짧은 시간 δt 동안 지구와 태양을 잇는 직선이 훑고 지나가는 넓이.

그림 6에서 직선이 훑고 지나간 작은 삼각형의 넓이는 다음과 같다.

$$\delta A = \frac{1}{2}r^2\delta\theta.$$

삼각형의 넓이는 밑변(r)과 높이($r\delta\theta$)를 곱한 것의 절반이라는 사실을 이용하면 이 식을 검증할 수 있다. 작은 시간 간격 δt로 나누면

$$\frac{dA}{dt} = \frac{r^2}{2}\dot{\theta}$$

을 얻는다. 그런데 이제 식 (15)의 형태로 각운동량 보존을 이용하면 최종적인 방정식을 얻는다.

$$\frac{dA}{dt} = \frac{p_\theta}{2m}. \tag{16}$$

p_θ(그리고 m 또한)는 변하지 않으므로 훑고 지나가는 넓이의 변화율은 상수이다. 게다가 이는 궤도의 각운동량에 비례한다.

마지막으로 K3가 있다.

공전 주기의 제곱은 궤도 반지름의 세제곱에 정비례한다.

케플러의 법칙 공식화는 아주 일반적이지만, 우리는 원 궤도에서만 계산할 것이다. 여기에는 수많은 방법이 있다. 가장 간단한 방법은 뉴턴의 법칙 $F = ma$를 이용하는 것이다. 궤도 운동하는 지구에 작용하는 힘은 바로 중력이며 그 크기는

$$F = -\frac{GMm}{r^2}.$$

한편 2강에서 우리는 원 궤도를 움직이는 물체의 가속도를 계산했다.

$$a = -\omega^2 r. \tag{17}$$

여기서 ω는 각속도이다.

연습 문제 1: 앞의 식 (17)은 2강 식 (3)의 결과라는 사실을 보여라.

뉴턴의 법칙은

$$\frac{GMm}{r^2} = m\omega^2 r$$

가 된다. 이것은 ω^2에 대해 쉽게 풀 수 있다.

$$\omega^2 = \frac{GM}{r^3}.$$

마지막 단계는 궤도의 주기(한 바퀴 도는 데 걸리는 시간)가 각속도와 간단한 관계에 있다는 사실에 주목하는 것이다. 주기를 그리들을 많이 만났다. 대략 2000년대 중반부터 교양 과학책을 읽는 독자들이 눈에 띄게 늘어났다. 이들은 시중에 나와 있는 유명한 교양서는 거의 다 섭렵하고 있었다. 그러다 보면 새로운 지적 허기가 생긴다. 과학을 과학자들과 마찬가지로 수학의 언어로 이해하고 싶은 욕망이 스멀스멀 생긴다. 이는 굉장히 자연스럽다. 왜냐하면 일상의 언어로만 첨단 과학을 이해하는 데에는 근본적인 한계가 있기 때문이다. 이들에게는 또 다른 교양서 한 권이 더 이상 의미가 없다. 무언가 질적인 도약이 필요하다. 물리 전공자들은 수학의 언어로 자연의 근본 원리를 이해하는 바로 그 희열 때문에 공부를 계속해 나간다. 그 희열은 일상 언어로는 표현할 길이 없을뿐더러 느낄 수도 없다. 비전공자들은 그 희열을 알 길이 없다. 막연하게 느낄 뿐이다. 유일한 길은 직접 수학의 언어를 배우는 것이다.

몇 년 전 어느 과학 도서 동호회 회원들이 나에게 뜻밖의 제안을 한 적이 있었다. 아인슈타인의 일반 상대성 이론의 결정체인 중력장 방정식을 직접 손으로 풀 수 있게 도와 달라는 제안이었다. 중력장 방정식은 물리학과에서도 대학원 정도의 수준이 되어야 제대로 풀 수 있는 방정식이다. 나에게 도움을 청했던 사람들은 대부분 평범한 직장인이거나 가정 주부들로, 미적분조차도 잘 모르는 이들이었다. 그들이 중력장 방정식을 풀려면 미적분이 처음 등장하는 고등학교 수학 과정부터 다시 공부해야만 했다. 결국 이듬해에 수십 명의 비전공자 수강생들이 1년에 걸쳐 고등

학교 수학에서부터 대학교 수학과 일반 물리학을 거쳐 일반 상대성 이론의 중력장 방정식을 푸는 과정에 뛰어들었다. 나는 그들을 열심히 가르쳤다. 단언컨대 인생에서 가장 신비로운 경험 중 하나였다. 그런 기이한 경험이 있었기 때문에 이 책을 처음 보자마자 무척이나 기뻤다. 나와 나의 수강생들만 이런 고민을 한 것이 아니었구나 하는 생각에 미소가 번졌다. 자연의 기본 원리를 향한 인간의 호기심은 만국 공통인가 보다. 책을 옮기면서 서스킨드가 느꼈을 법한 어려움이나 당혹감을 능히 짐작할 수 있었다. 이 책도 기본적인 수학과 미적분부터 시작한다. 번역하는 내내 나와 서스킨드의 접근법을 계속 비교하게 되었다. 여기는 이렇게 말하는 것이 조금 더 좋을 텐데 하는 부분도 있었지만, 역시 대가는 다르구나 하는 대목이 훨씬 많았다.

특별한 경험 때문인지 『물리의 정석』에는 나의 여타 번역서와는 전혀 다른 느낌, 일종의 유대감과 애정이 묻어날 수밖에 없었다. 번역을 하는 나부터 작업을 진행하면서 서스킨드로부터 많은 것을 배웠다. 뿐만 아니라 이 책으로 물리학을 배울 독자들 생각이 한시도 머리를 떠나지 않았다.

이 책은 결코 쉽지 않다. 물리학의 가장 기본인 고전 역학을 다루고 있지만 그 수준은 상당히 높다. 여기에는 그럴 만한 이유가 있다. 짐작컨대 서스킨드의 포부는 양자 역학과 양자장론, 더 나아가 끈 이론까지 뻗어 있는 것 같다. (서스킨드는 끈 이론의 아버지 중 한 명이다.) 그래서 『물리의 정석』은 고전 역학 단독 편이라

다

라

마

바

사

아

이종필

서울 대학교 물리학과를 졸업하고 같은 대학교 대학원에서 입자 물리학으로 석사, 박사 학위를 받았다. 한국 과학 기술원(KAIST) 부설 고등 과학원(KIAS), 연세 대학교, 서울 과학 기술 대학교에서 연구원으로, 고려 대학교에서 연구 교수로 재직했다. 현재 건국 대학교 상허 교양 대학 교수로 재직 중이다. 저서로는 『물리학 클래식』, 『대통령을 위한 과학 에세이』, 『신의 입자를 찾아서』, 『빛의 전쟁』, 『우리의 태도가 과학적일 때』, 『물리학, 쿼크에서 우주까지』 등이 있고, 번역서로 『물리의 정석: 양자 역학 편』, 『물리의 정석: 특수 상대성 이론과 고전 장론 편』, 『물리의 정석: 일반 상대성 이론 편』, 『최종 이론의 꿈』, 『블랙홀 전쟁』 등이 있다.

물리의 정석 고전 역학 편

1판 1쇄 펴냄 2017년 8월 31일
1판 15쇄 펴냄 2024년 7월 31일

지은이 레너드 서스킨드, 조지 라보프스키
옮긴이 이종필
펴낸이 박상준
펴낸곳 (주)사이언스북스

출판등록 1997. 3. 24.(제16-1444호)
(06027) 서울특별시 강남구 도산대로1길 62
대표전화 515-2000, 팩시밀리 515-2007
편집부 517-4263, 팩시밀리 514-2329
www.sciencebooks.co.kr

ISBN 978-89-8371-837-2 04420
978-89-8371-838-9 (세트)

스 문자 τ(타우)로 표기하면

$$\tau = \frac{2\pi}{\omega}$$

를 얻는다. 관습적으로 주기에 대해서는 T를 쓰지만, 우리는 이미 T를 운동 에너지에 쓰고 있다. 양변을 제곱해 $\omega^2 = \frac{GM}{r^3}$을 대입하면

$$\tau^2 = \frac{4\pi^2}{GM} r^3$$

을 얻는다. 정말로 주기의 제곱은 반지름의 세제곱에 비례한다.

✹ 옮긴이의 글 ✹

자연 원리 이해의 정석

세계적인 석학 레너드 서스킨드의 『물리의 정석』은 번역자인 나에게도 아주 각별하다. 이 책은 서스킨드가 일반인을 대상으로 한 물리학 강의를 엮은 것이다. 보통 일반인을 대상으로 하는 강의에서는 (특히 한국에서는) '최대한 쉽게'가 가장 중요한 미덕이다. 교양 과학책 또한 마찬가지이다. 하지만 이 책은 온갖 수식들로 가득하다. 서스킨드가 일반인을 위한 물리학 강의를 '수학을 써서 제대로' 했기 때문이다. 일반인을 상대로 수학을 써서 물리학을 강의한다? 언뜻 이해가 되지 않을 것이다. 항간에는 교양 과학책에 수식이 하나 들어갈 때마다 판매량이 10퍼센트씩 감소한다는 이야기도 있다. 서스킨드는 왜 이렇게 했을까? 답은 간단하다. 수강생들이 간절히 원했기 때문이다. 물리학을 전공하지 않았더라도 자연의 기본 작동 원리를 그 본래의 언어인 수학으로 이해하고 싶은 사람들이 적지 않다. 나 또한 한국에서 이런 독자기보다 양자 역학을 배우기 위한 사전 작업의 성격이 강하다. 이 책으로 물리학을 공부하는 독자들이라면 적어도 양자 역학까지의 큰 그림을 미리 그려 놓는 편이 좋겠다.

이 책의 원제는 『최소한의 이론(*Theoretical Minimum*)』이다. 물리학을 이해하기 위해서는 최소한 이 정도의 이론은 알아야 한다는 의미이다. 한국어판에서는 이 취지를 최대한 살리기 위해 『물리의 정석』이라는 제목을 달았다. 바둑을 처음 배우는 사람은 정석부터 익힌다. 정석을 제대로 배워야 헛된 수에 시간 낭비 않고 시행착오를 줄일 수 있으며, 그로부터 파생되는 복잡한 변화를 따라갈 수 있다. 물리학도 마찬가지이다. 『물리의 정석』은 정석 중에서도 주옥 같은 고급 정석들을 많이 담고 있다.

책이 아무리 좋아도 그것을 자기 것으로 만드는 것은 결국 독자의 몫이다. 이 책은 더 그렇다. 독자 스스로 공식을 직접 써 보고 증명 과정과 풀이 과정을 하나하나 따라가지 않는다면 별로 남는 것이 없을 것이다. 『물리의 정석』은 대충 읽어서 이해할 수 있는 책이 아니다. 하지만 그런 만큼 도전해 볼 만한 가치가 충분히 있다. 이 시대 최고의 물리학자가 안내하는 과학의 향연이라 더욱 그렇다. 이 책을 통해 대가의 숨결과 함께, 자연의 기본 원리를 수학의 언어로 맛보는 희열을 만끽하길 바란다. 건투를!

2017년 여름

이종필

✵ 찾아보기 ✵

자

차

카

타

파

하